劉建築師的綠好宅（四）

蝸牛住宅與斑馬公寓
臺灣防災健康宅的幸福提案

推薦序（一）/
周鼎金 教授

東南大學建築研究所工學博士（中國南京）

台灣建築照明學會理事長

國立臺北科技大學建築與都市設計研究所兼任教授

回顧敝人與志鵬的緣分：

2005 年　內政部綠建築獎評選接觸志鵬的「輕質鋼骨混凝土創新建築構造」

2013 年　擔任志鵬國立宜蘭大學碩士論文口試主任委員

2014 年　擔任志鵬國立臺北科技大學設計學院博士指導教授

2015 年　為志鵬第二本著作《減法綠建築》提推薦序

2017 年　為志鵬第三本著作《健康宅在臺灣》提推薦序

2018 年　指導志鵬取得博士學位

2021 年　為志鵬第四本著作《蝸牛住宅與斑馬公寓》提推薦序

《蝸牛住宅與斑馬公寓》這本書是志鵬綠好宅系列的第四本著作，其中節錄了我所指導其在國立臺北科技大學設計學院博士論文〈綠能建築構造研發及實測分析〉及相關理念與產品，志鵬將二十年來開發創新建築構造的成果，透過學理上的整合在短短三年半就完成了博士學程，賴於堅實的事業基礎加上詳實的準備，論文自開題到完成口試送交中央圖書館，前後僅三個月的時間完成，更是無縫接軌地從取得發明專利到產品運用到市場，而這就是這本書所呈現出來的成果。

敝人在執教四十年期間教學相長，尤其在臺北科技大學設計學院「建築節能與照明研究室」有著近百位的碩博士學生，在智慧建築、綠建築、健康建築、人因智慧照明領域都有著很好的成績，這邊看到志鵬二十年來持之以恆的努力，及其學有所成後也在中國科技大學執教傳承授業，身為其師長備感欣慰，敝人相信其「平實而為的生活建築觀」信念與防災健康好宅「住者有其屋」的志業，會始終堅持戮力而為，在此嘉勉。

推薦序（二）/
黃世孟 教授

日本東京大學建築計畫碩士、博士
前國立高雄大學工學院院長
國立臺灣大學土木工程學研究所營建工程與管理組教授

1993 年台日建築學會舉辦「教學革新、學習環境與學校建築轉型」研討會，作者志鵬建築師當年參加了這個會議，當時宜蘭中小學校園建設，有了幾位認真的建築師正積極地創新經營，志鵬就是其中的一位，因此有機緣認識。

中華民國開放教育學會活動中，曾同行日本參訪開放式小學校園校舍，並協助臺北市幾所新設開放教育校園的宜蘭參訪交流。我記得志鵬當時更積極邀請日本上智大學加藤教授，親訪宜蘭推動開放教育理念。我肯定並欣賞志鵬的積極活力，促成志鵬與日本橫濱的藤田建築師進一步的合作，有機會在日本短期見習。爾後志鵬在宜蘭先後完成了十幾所創新的開放式校園規劃設計，有些理念後來還運用在九二一災後重建校園中。

我擔任中華民國不動產協進會秘書長，主持「信義學堂居住空間講座」，引言江哲銘教授演講時再次巧遇。志鵬也曾在信義學堂環境關懷系列中，做過三場專題講座，因此大致了解志鵬從校園建築，在九二一地震後轉為發展創新「防災健康建築」構造研發事業。

我現在擔任台灣衛浴文化協會理事長，正積極推動建築同層排水工法，2020 年 11 月志鵬邀請我參加其創辦的「臺灣減法綠建築發展協會」，專業交流桃園青埔「斑馬公寓」構造研究心得。同年 12 月台灣衛浴文化協會年會研討會上，志鵬發表二十年來研發「綠能建築構造」及相關產品成果，提供了《減法綠建築》及《健康宅在臺灣》二本專書，讓我更了解志鵬這些年的建築師執業歷程。

從事建築學術研究須秉持嚴謹態度，雖然志鵬是建築技職教育出身，但致力實務創新並能積極向學，三十年的建築師歷程令我感受認真不怠的態度，值得肯定。此書雖然泰半是志鵬的理念與經驗成果分享，不若學術著作專書的嚴謹，但在臺灣營建技術及物業管理發展上而言，對建築構造的創新與發展，不失是一個值得思考的方向，期勉志鵬今後百尺竿頭、更上層樓的努力，繼續積累臺灣減法綠建築成果，樂意推薦。

推薦序（三）/
江哲銘 教授

台灣幸福健築協會總顧問
IWBI 亞洲區 ESG 特別工作組聯合主席

畢生致力於臺灣建築學術研究，將建築與醫學領域的連結整合來推動「綠健築」及高齡化建築的概念，是我在成大建築系執教退休後主要的事務，相較於甚為重視技職教育，倡導學術與實務需融合的日本來說，對於臺灣建築實務界與學術界的落差，始終認為需加以調整改變。

受我在成大建研所共同指導的學生周鼎金教授的邀請，擔任了志鵬博士論文口試的主任委員，我對其具備豐富的實務經驗及致力探求發現的諸多關於臺灣地區氣候特性及防災健康建築方面的課題如此用心，是我多年執教以來難得遇到以實務重回學術的建築師。

我印象深刻的一件事情，在 2017 年的夏天臺灣曾發生了大停電，連續炎熱的天氣，我與十多位建築物理方面的教授，受志鵬的邀請前往其研究的標的「蝸牛 AGS1」實勘，在建築物窗戶關閉的情況（僅屋頂層局部開窗），沒有使用任何的空調設備，僅是運用其綠能建築構造的概念，以被動式設計方式處理室內的自然換氣，實測室內氣溫可以較戶外氣溫低了 9.5℃，這是一項非常值得嘉許的研究成果。

2020 年 11 月，我參加志鵬創建的臺灣減法綠建築發展協會的研討會，實勘了其倡導的「斑馬公寓」，對於其將「綠能建築構造」進一步運用在公寓建築，解決公寓常見的噪音、防火、滲水及高齡青年共生住宅問題，這些學術與實務整合的成果，相信可以為臺灣住宅環境有所提升；《蝸牛住宅與斑馬公寓》這一本專書，不論是理論邏輯到實務成果分享，乃至於其事業團隊的組成對臺灣營造文化的提升，都有著強烈的使命感，其自我期許的心思是值得勉勵嘉許，在此慎重推薦給臺灣建築產官學界及民眾。

推薦序（四）/
郭榮欽 博士

國立臺灣大學土木工程學系兼任副教授
國立臺灣科技大學建築系兼任副教授

三月中旬，建築師劉志鵬博士來電邀我幫其新書《蝸牛住宅與斑馬公寓》寫序，這固然是我的榮幸，但志鵬近廿年來在綠能建築方面的開創與研發領域非我專長，雖已拜讀了該書內容，但要想言簡意賅表達讀後心得，仍擔心畫虎類犬，掌握不到重點，左思右想下，卻回憶起多年來和志鵬結緣的過往軼事，反而覺得由此方向切入來介紹我所認識的作者，應該可以提供讀者對此書作者另一層面的認識。

民國 73 年 8 月，我到蘭陽技術學院建築系（前身為復興工商專校建築科）任教，報到上班第一天，在辦公室第一位見到的學生正是劉志鵬建築師（我們兩人最早到），他當時是兼系辦工讀生，短暫接觸就覺得此生積極負責、自律頗高、是一位對建築抱有極大熱忱，穿著乾乾淨淨的小帥哥，當時印象頗為深刻，記憶猶新，那時他剛升專四，後來因緣際會下，我當了他們班上導師三年，我曾在班上班會時誇口過，一定要助班上同學催生出幾位建築師來，當時的想法很簡單，因為我發現科內從科主任以下，有多位建築設計專業的老師都相當出色，且兢兢業業，很盡責的在傳授學生的建築設計專業，我看班上許多同學也很認真，多位同學在專業課業方面自我要求很高，而我是建築結構專長，只要我能盡己之力（我當時操得很嚴苛，教法很獨特），成功地打好他們建築結構的基礎（因為建築結構學往往是許多建築系學生的夢魘與弱項），相信將他們推向建築師的位階是辦得到的，事實證明我的想法是對的，劉志鵬是班上第一位以專科畢業程度考上建築師的，他的率先考取對班上同學具有莫大鼓舞和相互砥礪的作用，隨後幾年內，班上同學有十多人陸陸續續地考取建築師執照，這是我有生之年一直以能當他們導師最感驕傲的事，也以他們的成就為榮。

志鵬是一位對既定目標勇往直前，遇到困難，會面對它並解決它，未達成目標絕不輕言放棄的人。他具有驚人的資料整理能力，與對新知追根究柢的精神，而且更令人驚豔的是他的美術天分，這對他在建築專業的養成與發展相當關鍵。他在決心走這條艱辛研發路之際，曾經和我分享他的心路歷程，我說這條路對臺灣目前建屋概念的翻轉與居住品質切中要害的改革非常有意義，但難度相當高，沒有很強的意志力，光靠一個人的努力是不容易貫徹的，但廿年後的今天看來，他正朝向康莊大道奮力邁進中，接受他的理念的人越來越多，成功的案例也不斷地累積，大家也在開創與實作的過程中累積越來越多的經驗與教訓，不斷精進，這是一件了不起的志業，我深信他的住屋理念及採用的工法一定會普及與深植在臺灣這塊土地的。

志鵬不但是一位理想主義的開拓者，也是一位理論與實務兼備的實踐家，從本書中許許多多他經手的案例回顧，居住者的回饋，可以鮮明地看出他對過往自己的一件件作品，有如親生孩子，負責到底的態度，誠如本書書尾提及「物勒工名」的真諦，「責任與榮譽」是為人處事最重要的基本態度，也是我個人一向秉持對營建業文化應該徹底改革的主張，就是營建產業對自己的產品應該要有「既生之，則養之」的負責態度與機制，才能真正遏止一直遭人詬病的行業陋習、弊端與組織文化。

推薦序（五）/
喻新 教授

美國愛荷華州立大學農業與生物系統工程博士
國立宜蘭大學土木工程學系教授

臺灣的建築以鋼筋混凝土佔絕大多數，也是成熟的建築技術方式，但是隨著地球資源的減少與氣候變遷，未來各種砂石與水泥原料日漸匱乏時，鋼筋混凝土建築將無以為繼；且不論鋼筋混凝土建築也存在許多漏水、壁癌、碳排放問題，人類在未雨綢繆之時，應超前思考未來的建築型式。

劉志鵬建築師及早就發現問題之所在，在進入國立宜蘭大學土木工程學系就讀碩士班時，也與我共同商討研究解決之道，除了構造方面的減重、防震等他已具有之專業基礎外，以我在建築環境專業的基礎以及環境工程學系另位教授生態指標專業的指導下，我們共同探討建築熱環境與建築碳足跡的相關問題而有所收穫；為了繼續追尋建築問題的解方，他更積極地進入國立臺北科技大學設計學院設計博士班就讀，以完成更多深入的建築研究，並且在取得學位後一直不斷努力，發展出許多建築的設計專利與建築型式。

《蝸牛住宅與斑馬公寓》一書是集結他至今所發展或整理各項專利、設計、實驗與作品的成果集，其中收錄各講座摘要、專欄文章，並介紹臺灣雅緻防災健康綠好宅的實例，對一般大眾瞭解「綠建築」的真義與實踐，有極簡要並深入的介紹。未來希望他在強烈使命感的驅動下，繼續為建築產業盡力發揮，創造出更多光彩，造福人群。

國立政治大學企業管理學系教授

我因緣際會參訪雅緻住宅位於龍潭的七代展示屋，對鋼筋混凝土建築的住宅安全性和健康問題有了全新的認知，同時感佩劉志鵬建築師二十多年的堅持與努力，開發出蝸牛與斑馬住宅的創新防災健康產品，在建築領域獨樹一格。劉建築師的理念和創新成果值得廣為擴散，我樂於推薦本書。

推薦序（七）/
詹文男 博士

資策會產業情報研究所前所長
國立臺灣大學商學研究所兼任教授

房屋是一般民眾努力一輩子所想望的產品，但大部分的人對於自己用血汗一生掙來金錢所購置房子的健康與體質並不是那麼的熟悉與瞭解，通常是要等到房屋出問題時才請人來診斷，但有時已無力回天，造成屋主很大的困擾與損失。因此，如何讓全民對住宅有更深入的認識與掌握，尤其是對好的及健康的住宅有正確的認知，實為當務之急。

不過，建築相關知識頗為專業，很難深入也難以接近，如何能深入淺出轉譯的讓一般人都能輕鬆入門，真的很不容易，作者劉志鵬建築師就是箇中翹楚。在一個偶然的機會裡，因為去參觀好友自建的住宅，才知道那是劉建築師的作品，他以專業的知識與經驗，但用淺顯的故事與案例闡述該住宅的理念與建置的過程，讓人印象深刻，也讓我對健康宅有更深入的瞭解。

志鵬兄不僅在建築領域上學有專精，對於大同社會的發展也有很大的熱情與使命感。其年輕時曾發表對「住者有其屋」的理想，這些年更累積了許多卓越的案例，這本《蝸牛住宅與斑馬公寓》就是他最新的成果。

所謂「蝸牛住宅」，緣起於無住屋者團結組織發起的無殼蝸牛運動，志鵬兄將其創新構造工法所興建的透天住宅系列產品，命名為「蝸牛住宅」，希望實踐好住宅的價格親民，以具體行動實踐「住者有其屋」的理念；「斑馬公寓」希望傳達的是：斑馬皮膚黑色，毛色則呈黑白相間，在日照後形成熱漩氣流得以散熱，運用在建築的外觀上則具有相通的效能。

此外，他認為公寓應該是全齡一同生活，且須照顧高齡安全無障礙及輔具設施完善的住宅環境，也能提供相對價格經濟，立體化使用夾層（閣樓）的青年住宅，銀髮族黑髮族的共融空間，徹底排除公寓上下樓層噪音、滲水、火災問題，改善停車及一般 RC 建築贅重造成的震災，加上耗能、不環保、缺工、病態建築等問題，斑馬公寓非常適合於臺灣危老改建公寓的運用。

希望進一步瞭解蝸牛住宅與斑馬公寓的讀者，可以透過此本書輕鬆瞭解什麼是好宅。當然，如果您想更全面的瞭解什麼是幸福、綠、好、健康宅，志鵬兄的《健康宅在臺灣》、《減法綠建築》及《愛‧幸福綠好宅》等著作，也值得您一讀！

推薦序（八）/
陳啟中 建築師

國立高雄科技大學土木工程工學博士
高雄市建築師公會第 12 屆理事長
台灣消費者權益發展協會理事長
東方設計大學兼任專技副教授

1990 年在建築師高考的九華補習班任教時，最初教的科目是「建築物理與設備」、「結構學」、「結構系統」，後來又增加了「建築構造與施工」這一科。

某次課堂下課休息時，無意中看到志鵬整理的上課筆記，就隨口問他為考試準備了多久？志鵬說已準備了三個月，並計畫在第二年通過考試。我當下就告訴他，以你這種讀書精神及方法，今年應該就可以考上。果不其然，志鵬五專畢業後，僅用四個月的時間就通過建築師考試。因為志鵬相當優秀，考試成績也相當高，因此我就向補習班老闆推薦，邀請志鵬來協助輔導考生。

志鵬建築師開業後，因為很多社會關注的議題，我們都有共同的觀點，所以平時都會相互聯絡。隨後，得知志鵬在宜蘭校園規劃設計案也深獲好評。但比較引起我注意的是，志鵬又再去臺北科技大學鑽研「臺灣氣候建築物理環境」的課題，並且以實務理論兼具的研究方法取得博士學位。這本論文也對臺灣極端氣候、空污環境以及節能的對策做出一些貢獻，真是難能可貴。

《蝸牛住宅與斑馬公寓》這本專書是志鵬的第四本著作。這本書介紹了從九二一震災後，針對臺灣防災建築性能，透過創新基礎系統籠型鋼構與輕質牆板所組成的建築構造，以提升建築物防震、防颱、防火、防蟻之性能。同時以「減法綠建築」的理念，降低建築物的碳排放量。除此之外，還以「綠能構造」的角度切入，調控運用日射及地溫能量。以被動式為主、主

動式為輔的方式，減少空調能耗，並解決臺灣濕熱氣候，以及改善通風換氣、空氣品質的環境問題。

本書中分享的完成實例，從使用者對居住舒適度的回應，可見志鵬在臺灣氣候方面的研究，確實已有相當具體的成果，志鵬的成就早已超越我這個啟蒙老師。在此除了特別祝賀志鵬新書的出版，另外也期待有機會在未來建築師考試教學以及綠建築空調議題方面能加以合作。

本書即將付梓之際，有鑑於這是本理論實務兼具的好書，因此特別在此推薦給大家！

推薦序（九）/
張國禎 建築師

同濟大學建築及都市設計博士
快樂樹蛙繪圖教室

「淨零排放 Zero Emission」是永續環境目標下的最直接的檢驗指標。碳足跡、二氧化碳排放量、綠覆率、資源回收再利用等等，都是「淨零排放」大旗下的各項子標。劉志鵬建築師稟於臺灣地處亞熱帶濕熱氣候環境，可偏臺灣盛產砂石建材，也有豐富石灰礦產，不過數十年間，臺灣已成了標準的「混凝土森林 Concrete Jungle」，當年從大陸遷徙來臺的建築師以及建築工匠逐漸凋零後，臺灣現下的建築師及建築工匠，似乎也只熟悉 RC 梁柱建築的構造方式，然而 RC 構造對於地震卻似乎不是最好的對應方式，建築物的存在是環境中無可避免的事物，是環境永續的重中之重，既然無可避免，那就直球對決，直接面對，找尋最適合臺灣的建築物設計及構造方式。

劉建築師天資聰穎又好學不倦，從事建築師業務數年後，頓然發覺要解決臺灣建築的震害，得先從建築物減重開始，唯社會認知不足，在公共工程領域推動不易，只有自己下海親自推動，於是一幢幢載著強烈使命任務的雅緻輕鋼架住宅漸次出現在社會大眾眼前。雖然已有斐然成果，但要改變社會根深蒂固的觀念，唯有從教育著手，於是我們看見了劉建築師一篇篇的論文，聽見了一場場的講座，相信假以時日，劉建築師的理念將會被社會大眾接受。

今劉建築師將其畢生努力成果集結成書，特為其新書作序推薦，期望提供有志建築專業人士及莘莘學子研究參考。

蝸牛住宅與斑馬公寓

推薦序（十）/
蔡錦墩 董事長

福樂多醫療福祉事業創辦人兼董事長
社團法人台灣福生環境住易聯盟理事長

筆者從事銀髮產業至今已經 27 年，這 27 年經歷臺灣 65 歲以上人口，從剛邁入高齡化社會的 7%，到現在超過 14% 的高齡社會，並持續往超高齡社會的階段，身邊仍然有許多人對於「老」這件事情似乎沒有太大的感覺，僅認為老以後有孩子、有保險後應該就沒問題了吧！事實真是如此嗎？生活其實是需要跨領域整合的，結合「食、衣、住、行、育、樂」並挑選適合自己的商品，在品質與尊嚴並重的狀況下讓生活延續，會是必須考量的重點！

尤其居住這件事，很多人年輕的時候，往往不會將老後生活納入思考。當下我就在想，該有怎樣的契機，可以讓建築設計與銀髮產業結合的時候，我正好就認識了劉志鵬建築師。有人說，當時間成熟了，做對的事情的夥伴就會自然地靠在一起，劉志鵬建築師在「住者有其屋」的理想下，提供從建築設計、去除讓身體不健康的因子，從室內溫、溼度穩定，降低居者過敏的狀況，並將居者未來老後的環境動線都一併考量，提早將空間及設備規劃預先準備，不用再花二次錢改造。以「居安思危」的概念，在建築設計的時候，常會忽略的老後浴室廁所動線導入個人習慣，在年老肌耐力衰退時，如何不跌倒，一個人生活的時候該怎麼樣安全生活，並以不降低生活品質與尊嚴進行考量，甚至在規劃這些動線時，怎麼把「提供照顧者」的空間動線導入，並放進去後續必須使用的設備家具，讓照顧你的人也能夠輕鬆照顧你，這都是劉建築師與我多次交流之間常常討論到的話題。

劉建築師的建築設計理念，也與我的「ㄓㄨˋㄧˋ」硬體環境須「住易」、生活照顧要「注意」、支援家具有「助益」三理念相符合，考量自己家人

或者是自己，以上面三個全齡健康生活為核心概念，加上智慧健康、全人關懷的建築及生活環境，在面對超高齡社會的時候，甚至是在全球化下的疫情時代，降低隔離自立生活或是老後生活的風險，讓自己在所屬的產業發展上，能比別人多一些不同層面的思考，助己助人，也希望這一本書能夠帶給更多人對於住宅有更不一樣的思考。

推薦序（十一）/
王永寧 博士

迪醫集團執行長、城市美學設計師
國立臺北科技大學管理學院兼任助理教授
德明財經科技大學兼任助理教授
華夏科技大學兼任助理教授、銘傳大學 EDC 專長探索中心講師
中華產業創新競爭力協會理事長
國立臺北科技大學管理學院 EMBA 菁英會理事長

第三次為一位正義凜然的博士志鵬建築師寫序感到無限的光彩，劉兄是我國立臺北科大設計學院博士班同學，我們曾經為了校內的不平事件而共同發聲，幾年來的同修也成為好朋友。這是第三次幫志鵬兄寫序，應該還有第四次、第五次吧，看來先把未來的序先寫著等，看了志鵬兄的幾次出版著作，志鵬兄的著作正所謂吾道一以貫之。從《健康宅在臺灣》一書的發行就看出作者苦心孤詣的對臺灣住宅的針砭，站在人類永續經營的高度給出了許多方向，造福臺灣民眾，所謂愛臺灣的實踐者。

序的意義算是觀後感 也可謂之導讀，認真真情的推薦給讀者，所以沒有看畢全文還不敢亂寫。就算心裡明白志鵬兄的文章必屬佳品，也不敢妄言，以免貽笑大方，給作者添亂子。若無法提及本書的精彩之處，豈不枉費本書作者的苦心。我很欣賞作者「斑馬公寓」的說法，形容得很貼切，事實上人類一直師法大自然而找出生存道理，老子《道德經》提到「人法地、地法天、天法道、道法自然」的至高無上的生命哲學，和志鵬兄發揚以大自然的力道來解決住宅的技術問題，也看出劉博士志鵬建築師的「敬天畏人」的情懷。從著作提到的「防災健康宅」中體悟到劉博的「以人為本、以天為基」的思維，建構出他的理想世界，幫助許多人擺脫現代叢林的桎梏，把理想分享給社會。

劉建築師的博士論文〈綠能建築構造研發及實測分析〉就是闡述他個人對節能與健康建築的理念。劉建築師設計了讓樓板與地表間產生氣室，周邊外氣經由進氣口進入後，透過地溫及木炭來調節溫濕度，完全是利用大自

然原理的換氣機制造就舒適住宅，當然我不是建築師不敢皇皇大論，身為室內設計師對於住宅的需求略知一二，冬暖夏涼、常年保持一定的濕度，就能夠有舒適的體感溫度，節能就必能省電，以上所提及的概念與實踐，在志鵬兄的健康宅都做到了。

這本書，集結了五十個講座摘要、十篇專欄文章、博士論文及一些實際案例非常有可看性，錯過了講座也可以從本書彌補失之交臂的遺憾；另外，分享了十五個自立造屋的案例，仿佛聽到親朋好友或鄰居對自己的住宅娓娓道來，對讀者而言有感同身受的參與其中，趣味橫生。書中提及有趣的案例：陳先生某次逛書店時，無意間看到劉志鵬建築師所撰的《愛·幸福綠好宅》，其建築理念與工法竟與他心目中的「家」不謀而合，結果也委託雅緻團隊造屋，正是書中自有顏如玉，書中自有「黃金屋」，感嘆書的力量和知識的偉大。如果讀者看了精彩的內文，我的序就微不足道，祝讀者們身心健康，也期待為劉博士建築師寫第四篇序。

推薦序（十二）/
陳國章 校長

前宜蘭縣政府教育局國教課長
前宜蘭縣國華國中校長

光陰荏苒，個人與志鵬建築師認識 30 年，他邏輯清晰，條理分明，表達流暢，是個具説服力的設計人才。以往多年來從宜蘭縣校園規劃、九二一中部學校重建至民宅綠建築等，一直堅持理想，探求新的建築方式與環保材料，不畏困難，勇往直前，令人敬佩。

個人民國 81 年至 87 年期間在宜蘭縣政府教育局服務，時值教育部補助地方國教經費與教育優先區專案，更新學校軟硬體設施，每年編列經費約 2 至 5 億元不等，本案攸關宜蘭教育發展，經費得之不易，教育局運籌帷幄，須有整體與宏觀規劃與兼顧資源效益，每一分錢都須能用在對的地方。志鵬公私之間，常提供卓見，協助甚多，亦曾參與宜蘭縣國民中小學建築專輯的編輯等，銘感五內。

志鵬有俠義精神，對公家官僚結構、缺乏公益服務態度的公務員，會當場有所挑戰，據理力爭。在最輝煌時，他策劃學校有十多所建築，與九二一地震中部學校重建接案契機，已有一定知名度與人脈，本可順勢而為，大展鴻圖。然而當他發現防災建築的重要性後，一方面協助災區校園重建，分享其在宜蘭的經驗外，一方面卻從容地選擇發展創新的建築構造，而這條艱辛的旅程，從建築減重、耐震、安全、自然通風等材料工法考量，試圖發展出臺灣民眾幸福的綠好宅，其雄心壯志，非常難得。

志鵬在實務方面的努力外，為了徹底地解決創新研發遇到的問題，進入國立宜蘭大學綠色科技學程碩專班以及國立臺北科技大學設計學院博士班進修，探求實務與學理的結合運用，開發出多項的發明專利，也發展出「減

法綠建築」及「綠能建築構造」的論述,其深度與創意,實為建築界典範。

《蝸牛住宅與斑馬公寓》是志鵬的第四本作品,其近年來的智慧結晶,從打破傳統思維到理念傳播,在地球氣候變遷,保護環境的今天,加上傳統勞力缺乏等,相關建築的施工與材料,實須有所變革。本書有 15 個實例的呈現,淺顯易懂,有助一般民眾了解綠建築的來龍去脈,別樹一幟。好的觀念、好的作品要與人分享、欣賞與運用,期勉志鵬能再接再厲,尋求各種媒體或資訊科技,讓民眾、企業了解,或與有公益心的財團合作開發,將綠建築的造價更親民、服務能更普及,真正實現「住者有其屋」的理想,以造福臺灣民眾與環境。

推薦序（十三）/
曹登貴 建築師

感謝建築業界總是不乏優秀敬業而令人尊敬的好榜樣，劉建築師正是這樣一位將更健康、更經濟效益的建築及構築方法專心致志的專業者，從設計切入施工技術，從設計理想落實為具體研發減重、防震、隔熱、防災的減法綠建築。人的一生有相當高比例的時間是待在建築物內，尤其以睡眠 6 至 8 小時的時間是停留在自己的住家生活環境。

對於一個人身心健康的影響而言，建築物，尤其是住家建築物的重要性自然不言可喻，近年來，我個人對「斷、捨、離」的減法生活態度有著深刻的體會，減少不必要的社交、減少不必要的物品、減少不必要的慾望、減少不必要的煩惱，讓生活簡單清晰，自然而然的品嘗生活的甘甜，劉建築師以科學研究的邏輯出發，從減重、防震、隔熱、防災的目標導向，從建築構造的基礎、結構系統、主要構造、外飾、細節設備，逐一改善研發，讓生活空間的容器以一種簡單的風貌呈現，除了以另一種不同面向體現我對減法生活的想像，在建築專業上也是我學習的範式之一。

這本書富含觀念理論、明確邏輯、實踐經驗以及從基礎到屋頂的營建技術分享，是十足的專業乾貨，非常值得想要認識「好住宅」的朋友閱讀，更適合對建築設計產業自我期許的專業者閱讀研習，推薦給各位讀者。

推薦序（十四）/
史季生建築師事務所
史季生 建築師

臺灣的房地產業在 1980 年底開始爆發式的發展，然而 40 年下來，質的提升趕不上量的增加，尤其是對住家內環境品質缺乏改善，更別提建築施工工法的創新。劉建築師抱著一股對建築的熱情，把自己的理論變成實踐，在芸芸眾生中，更顯得難能可貴，期盼能有更多人的接受與推廣。

推薦序（十五）/
王泉記興業股份有限公司
王貞傑 董事長

和劉志鵬建築師認識二、三十年了，從早期的建材展相識直到如今，劉建築師一路走來，始終堅持於輕鋼構建築的研究與推廣而努力不懈，其毅力使我佩服。他一手創建雅緻住宅從一代宅至現在的七代宅斑馬公寓，不斷的改良精進，使輕鋼構建築的精髓在臺灣的土地上得以發揚。期待未來劉建築師研發的輕鋼構住宅普及臺灣的每一個城鄉！

推薦序（十六）/
王立邦 董事長

雅緻住宅事業股份有限公司董事長
金門不動產開發商業同業公會理事長
中華民國不動產開發商業同業公會全國聯合會監事
台灣建築產業發展協會理事
金門特定區計畫土地審議委員
金門夏墅社區發展協會理事長

創新一直是一個國家競爭力的基礎，但大部分的人還是比較喜歡選擇安逸的生活方式，雖有不足，卻也無力改變。

人的一生將近有三分之二的時間在室內，居住已不再是遮風蔽雨如此單純的功能，隨著文明病的不斷產生，極端氣候的變遷，甚至地殼的劇烈變動，處於特殊區域的臺灣，在建築方面考慮的因素，相較於其他區域，更具挑戰性。

劉建築師不譁眾取寵，針對臺灣特殊的多種面向狀況，不斷地精進，改善屬於臺灣甚至全世界居住的品質的提升，透過實際居住者前後體驗的反饋，做為下次創新改善的基礎。

沒有亮麗的光環、沒有強大的資源，雅緻住宅團隊只有不斷提升居住品質的決心，值得推薦的好書。

作者序 /
劉志鵬 建築師

蝸牛住宅與斑馬公寓

是要談動物世界？還是要敘述做牛做馬的人生故事？喔！不是的！這是我在住宅開發產品的代稱，在此更是我第四本專書的主角，經過了二十多年的努力後隆重登場。2000 年 12 月 10 日，我受中華民國建築學會的邀請，在年度學術研討會開場演講「優質住宅開發理念」，當年我 35 歲雄心壯志地發表我對「住者有其屋」的理想，2017 年 12 月《建築學報》102 期建築設計作品專刊，登載了〈減法綠建築 AGS1〉，我從一個以公共工程建築計畫及空間創作者，轉身深耕於普普民眾自立造屋的幸福觀點，這本書的主軸，是二十多年的我執，啟動了臺灣住者有其屋的新世代，在此將這些理念與案例加以彙整成書，與大家分享。

蝸牛住宅，1989 年臺灣的「無住屋者團結組織」發起「無殼蝸牛」運動，小市民起身抗議飆漲的房價，我則將創新構造工法所興建的透天住宅系列產品，命名為「蝸牛住宅」，希望打造人人都住得起的好房子，具體實踐「住者有其屋」的理念。

斑馬公寓，斑馬皮膚黑色，毛色則呈黑白相間，在日照後形成熱漩氣流得以散熱，運用在建築的外觀上則具有相通的效能，而公寓應該是全齡一同

生活，且須照顧高齡安全無障礙及輔具設施完善的住宅環境，也能提供相對價格經濟，立體化使用夾層（閣樓）的青年住宅，銀髮族與黑髮族的共融空間，徹底排除公寓上下樓層噪音、滲水、火災問題，改善停車及一般RC建築贅重造成的震災，加上耗能、不環保、缺工、病態建築等問題，斑馬公寓非常適合於臺灣危老改建的公寓運用。

為讓臺灣民眾認識防災健康宅的理念構成，我將五十個講座摘要、十篇專欄文章、博士論文實證成果及實際案例加以彙整成書，利於產學推廣說明及運用，期望臺灣民眾能夠警醒鋼筋混凝土構造所產生的住安問題；另外，本書分享十五個自立造屋的案例，每個案子都是一個幸福家庭造屋的故事，特別感謝娟娟的企劃聯繫與小編禎岑的採訪撰文，以及本書所列案例業主們的支持與協助，更感謝所有推薦人的支持與愛護，這些加持讓本書倍增光彩，得以呈現完整的理念與豐富的內容，讓大家能夠進一步認識到雅緻住宅事業團隊在蝸牛住宅與斑馬公寓開發的成果，選擇適合居住的安全健康綠好宅，在此深深地致上最高的謝意。

目錄

打破舊思維：臺灣人只能住在鋼筋水泥叢林嗎？

開創新思路：減法綠建築的由來與實踐

藍海新產品：雅緻防災健康宅的緣起與內涵

適材與適所：減法綠建材及設備的應用

目錄

理念的傳播：劉建築師的雜誌文章及媒體報導

創新的服務：專業的造屋團隊

雅緻的築跡：聽，他們怎麼說

目錄

寫在後面

打破舊思維：
臺灣人只能住在鋼筋水泥叢林嗎？

LESSON 1
臺灣 RC 建築文化的起源

鋼筋混凝系建築在全球的發展歷史約 140 年，臺灣則是在二次大戰後美國援助臺灣鋼筋後，開始大量興建，至今在臺灣約占既成建物的九成，是臺灣從磚牆木架閩南建築或是土砌木架建築等傳統建築之後，

所取代的主要建築構造方式，它的優點是防火、防颱、隔音好，在砂石濫採、水泥便宜及模板鋼筋工廉價時，發展成為臺灣民居主要型態。

臺灣早期為鋼筋混凝土梁柱框架，牆壁則以磚砌為主，稱為「鋼筋混凝土加強磚造」，經過二十多年的發展後，牆壁多數以混凝土牆面取代，基礎則由獨立基礎轉為連續及筏式基礎。

在臺灣歷次震害中，RC 建築造成了相當嚴重的災難，因為 RC 構造傾倒後，需仰賴大型機具搶救而難以救助，臺灣地區建築相關法令的檢討，則以增加梁柱構造斷面及鋼筋量，以硬碰硬的方式來強化其抵抗地震破壞，柱中柱構造、一條式箍筋、清水模板、混凝土水密添加劑等是坊間主要的性能提升方式。

臺灣因為建築成本的考量，加上設計建築師的養成，均以 RC 建築構造為基礎，因此相關建築技術規則法令或是營建產業的發展，可說是以 RC 為根本，例如外牆屋頂隔熱、樓板隔音防火構造等規定，均以 RC 構造為標

準來研擬及敘述，房屋銷售產品也都以 RC 的耐候特性來行銷約定，如防水、保固等。

那麼以 RC 為主要構造會有什麼問題嗎？

LESSON 2
RC 建築結構的致命傷

RC 構造有怕劇震及易受潮的二個主要問題！

過重是 RC 建築結構安全的主要致命傷，首先混凝土的重量 2.4t/m³，一棟 70 坪的 RC 獨棟透天住宅，所使用的鋼筋及混凝土總重量達 500 公噸，檢討地震水平破壞力，V=W*G 也就是質量乘上加速度，所以重量越重越不利於防震，在 RC 建築的震災中可以見到幾乎都是在一樓梁柱剪斷後倒塌，從日本防災中心所做的 RC 實體地震平臺測試中，在地表加速度 400gal/sec 約 5 秒就會倒塌，確實地反映出 RC 建築物無法抵禦劇震，並且在很短的時間就會造成重大傷亡。

我們用一個簡單的對比來讓大家建立概念，一家五口每人平均 60 公斤，總重量約 300 公斤，加上家電、家具也不過 3-5 公噸，為何需要 500 公噸

在 RC 建築的震災中，常見到一樓倒塌消失的現象（圖片來源：維基百科）

的鋼筋混凝土來承重呢？而同樣體積的木構造約 100 公噸，日式輕鋼構約 35 公噸，我們從日本近期的震災來看，死傷人數遠少於臺灣，臺灣 RC 建築的地震防災顯然走錯了方向。

在臺灣每年有數個颱風的侵襲下，RC 構造防颱能讓民眾在颱風天得以安心，然而數十年才來一個大地震，且臺灣人健忘，除非是地震重災區深刻影響的人們，否則大都會忽略震災的恐懼。

鋼筋混凝土構造主要是由鋼筋及混凝土混合而成的複合性構造，其中鋼筋主要負責在抗拉力任務，抗壓則是交給了混凝土，但是臺灣建築的主要混凝土強度大都為 3,000psi，基本上，在地震力連續震波的反覆加載作用下，尤其在一樓梁柱交接部分，上面的構造重量經由地震加速度的作用並且堆疊，搖擺產生的內應力非常的巨大，所以造成了致命的損壞。

從建築防震的居住安全來看，主要是房屋不能倒塌，而不是建築的重量要重，就好比一個玻璃杯、一個紙杯，掉落在堅硬的地板上時，玻璃破碎了，紙杯還是完好的；一個電視機外殼很硬，但是掉到地面會壞掉，所以搬運包裝上要用保麗龍箱子來保護，這說明所謂的安全方式是有其思考認知的需要。現今全世界在建築構造的發展上，已經轉為建築物減重卻仍保有好的韌性強度的方向，例如集成木結構或是輕型鋼骨構造，而臺灣幾乎是少數停在使用 RC 構造的地區。

LESSON 3
RC 建築結構受潮的問題

臺灣氣候年平均相對濕度高達 81%，就算是南部也達 76%，明顯高於全球主要居住地區的 50%，尤其北部夏天悶熱、冬天濕冷，那麼 RC 構造為何會怕潮濕氣候呢？水可結冰、可蒸發、可存放能量，因此空氣中的濕氣如同空調冷媒特性一般，會傳達能量而影響溫度，鋼筋混凝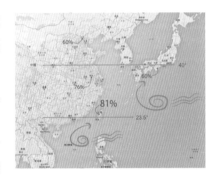土中的水泥砂漿會受潮，能直接傳達能量，因此熱傳透值相對於木頭、PS 等材料要來得高，除了在夏天壁體蓄熱高溫外，在冬天則因冷輻射而低溫，間接影響了室溫環境。

因為這個原因，在氣候變化時，牆面與地板就會產生反潮、結露的狀況，而這樣的體質問題，導致了臺灣 RC 建築普遍產生了壁癌情形，在室內裝修上則大量使用了油漆、夾板貼皮等這些含有甲醛揮發致癌物質，或是易造成跌倒傷亡的磁磚、大理石、花崗石，形成了危害健康的病態建築環境。

LESSON 4
RC 建築的病態建築環境

臺灣 RC 建築比例占了九成，加上土地價格昂貴，多數民居為連棟透天式住宅或是公寓型態，因此先天住宅環境上，普遍採光通風條件不足，且因 RC 或磚牆壁體熱傳透值高，夏天悶熱，民眾難耐，所以普遍裝設密閉型態的空調系統，因為無法有房屋座向的選擇彈性，在都市熱島效應下，空調戶外機的冷房效能普遍受到外溫度的影響而降低。

除了夏天的冷房耗能外，缺乏換氣觀念的臺灣民眾，長期處於缺氧、二氧化碳濃度過高，且室內濕度過高的黴菌滋生環境，因此呼吸道感染及過敏症狀相當普遍，尤其是幼兒園感冒、腸病毒交叉感染的問題非常嚴重，此外如美容院、餐廳甚至是旅館等環境都有明顯的病態建築特徵。

病態建築環境因為有了空氣品質檢測的量化基準與量測儀器，因此可以由科學客觀地來評定，也能具體反映到人們重視居住環境的維護，關於 RC 建築及高濕度氣候這二個組合方式，所產生的病態建築環境特性，學術領域專論的研究尚不多，主要是  臺灣民眾習以為常，忽略了其所造成的危害，其實潛在缺乏換氣的缺氧環境，濕冷的低溫體感環境，會大幅提高中風、心肌梗塞的機率外，有毒裝修建材亦會增加致癌的風險。

LESSON 5
論 RC 住宅建築的病症

九二一地震發生前，我在宜蘭社區大學開了一門課為「快樂建築人」，開學後沒幾天就發生了集集大地震，從此奔波在宜蘭到災區之間。此次地震震源深度約 8.0 公里，芮氏規模 7.3，持續約 102 秒，災情統計死亡 2,415人、失蹤 29 人、負傷 11,305 人，房屋全倒 51,711 間、半倒 53,768 間，經濟損失高達新臺幣 3,647 億元。

在前後四年的時間中，房屋倒塌評定、校園災後重建勘定以及二所學校的重建工作，讓我對 RC 構造的地震損壞情形有了較深入的研究（時任臺灣省建築師公會省鑑定委員），除了斷層地質問題外，頭重腳輕、跨距、短柱效應、箍筋配筋量、混凝土強度等一般認知性的問題外，根源是 RC 構造的自重太重，經由地震加速度將上部重量來回反覆產生的水平力，作用在一樓梁柱接頭位置，而混凝土強度顯然無法承受，造成脆裂後建築物的崩毀。

有了 RC 建築無法抵禦劇震的結論後，讓我更加堅定發展創新防震建築的志向，歷經十年的摸索，從減重、減震、隔震、制震等幾個主要的觀念發展，並經由市場所能取得的物料、施工等條件，發展出了輕質鋼骨混凝土二元構造系統工法，我將這些過程及主要的觀念整理在《愛·幸福綠好宅》這一本專書中（2012，7,000 本，新自然主義）。

這本專書敘述了 RC 住宅先天的構造問題及後天的施工問題，整理了我在創新構造的發展方向，也分享了我在宜蘭推動自立造屋家園的觀念。

LESSON 6
室內二氧化碳量意義

臺灣傳統住宅型態土角厝或是磚砌閩南建築，其實都有適當的建築區劃及上下通風換氣孔的留設，院落間的通道有陰影的產生，溫差造成空氣的流動，就算房門緊閉，室內空氣還是能通風換氣，因此即便沒有空調設備，還是能夠維持一定品質的溫、濕度環境，尤其是新鮮空氣的維持。

現代鋼筋混凝土建築在專業分工後，建築及居室整體的通風換氣機制，普遍被認為已由中央空調或是變頻冷氣全面處理，所以好像沒什麼問題，其實不然。一來因為分工了反而沒人檢討這部分，二來一般住家的空調只處理溫、溼度，並沒有換氣，所以臺灣的住宅居室普遍缺乏新鮮空氣。

居室的使用主體是人，因為人的使用，需要充足的氧氣，人們呼吸的過程會產生 CO_2，當室內空氣是死空氣時，除了氧氣不足、CO_2 濃度提高外，如果有家具、櫥櫃、裝修甲醛揮發物等逸散，造成不良的空氣品質，長此以往就會導致慢性病的發生。

如何避免空氣是死的？我們可以從 CO_2 濃度的多寡來判斷，空氣品質指標代表：一般空間的標準值是 1,000ppm，外氣約在 410ppm，四坪大的房間、二個成人一個晚上睡眠後，若無外氣換氣流動時約在 3,500ppm，會使得睡眠品質變差，越睡越累，而身體若長期呼吸處於氧氣不足時，人體各器官及腦部末梢神經氧氣不足則容易滋生癌細胞，如果有外氣導入則 CO_2 可維持在 600ppm 左右，影響很大。

開創新思路：
減法綠建築的由來與實踐

LESSON 7
論減法綠建築的哲理

創新住宅構造開發在歷經十二年後，我大致已經完成防災建築的開發，然而因為六代宅雖然有好的防震能力，牆體也有良好的隔熱性能，但是隔熱好不代表室內就會舒適，夏天時就能節省很多的冷房空調，因此我將問題帶到宜蘭大學及臺北科技大學來研究，前後六年的學術研究時間裡，釐清了建築外殼及開口的熱得問題，臺灣氣候特性與空調換氣的運用方式，從辯證偽綠建築的角度，逐步建立了以減法意識為主軸的「減法綠建築」理念。

減法綠建築（Simplified Green Buildings）是延伸綠建築思維，從地域性自然環境氣候來切入，以「Less is More」的哲學，檢視企業產品主導的過度綠建築設計，就建築的環境、構造、建材、生活、裝修，採必要性、永續性及被動式設計為主的綠建築概念。綠建築的思維為環保，理應朝向內斂的發展，而不是一昧地增加構材及設備來耗損地球資源，Simplify 英文字義為「簡」的意思，有去繁為簡，減少及內省的意涵（劉志鵬，2015）。

我在 2015 年出版了第二本的專書《減法綠建築》（Simplified Green Buildings），強調「綠建築」的建築概念必須從「地域」的角度才發展得出正確的「設計法則」，建築基地是在臺灣還是日本？在都市還是鄉村？在寒帶還是亞熱帶？……不同的環境下就要發展不同的綠建築思維，千萬不要一窩蜂盲從或套用，免得蓋出許多外觀看起來很酷，實際使用卻水土不服的綠建築。

「臺灣減法綠建築發展模式」的構思，從「臺灣地域氣候特性」出發，針對時下臺灣綠建築與綠建材的加以辯證，再提出減法模式的綠環境、綠構造、綠建材、綠生活、綠裝修的具體觀念，並且提供自立造屋懶人包、建築小撇步及專業協力造屋 BIM 的內容；結合實務與學理，希望這些成果能供一般民眾及建築從業人員，正確思考綠建築的方式，且有助於臺灣綠建築產業之正向發展。

LESSON 8
健康宅在臺灣

2014 年，為了開發新一代的防災健康建築，我集結了一群長期配合的單位，在桃園龍潭渴望園區成立了「雅緻住宅事業股份有限公司」，推動 AGS1 七代宅的研究，並經由臺北科技大學在綠建築研究室及健康研究室的相關學術協助下，建立了減法綠建築的完整理念架構與及 AGS1 設定的性能目標。

其中經由股東陳光雄老師引介了日本棟匠木造在臺灣屏東的建築工程合作，促成了雅緻團隊至日本棟匠參訪交流，並且對日造健康宅在自然木料方面與構造施工方面有更完整的認識，而 AGS1 的內裝中也大量地使用了棟匠健康無毒原木。

AGS1 在工程完成後進一步的交流中，經由臺灣棟匠侯玫君董事長與日本棟匠社長石川忠幸建築師的討論，決定共同出版《健康宅在臺灣》一書。書中論述了健康宅、防潮建築及自立造屋的觀念，也分別介紹日本棟匠木造健康宅及雅緻防災健康宅的產品。

這本書以提供較多圖片的方式，使一般民眾較容易參考，對於臺灣民眾停留在 RC 單一選擇的營造市場環境來說，是一本可以助益改變認知的參考書籍。

LESSON 9
綠能建築構造的發明

2004 年夏天，我在宜蘭辦公室前的空地組裝乾式移動式的小蝸牛構造，發現基礎下方的溫度較低，用溫度計量了一下，較地面溫度少了約 10℃，在這之前，我們都是將阻尼器下方用混凝土填平的方式，只是架高一樓板來處理反潮問題，因為有了這個發現，開始研究了運用地溫來換氣的想法。

AGS1 實驗住宅在完成裝修後的冬天裡，雖然連續下了幾天雨，我卻發現掛在一樓牆壁的溫溼度計，溼度維持在 60%，然後窗戶玻璃上頭有著明顯的結露情形，過了一個晚上將一樓的玻璃結露水收集起來，竟然有二瓶寶特瓶的水。

如果冬天天氣晴朗，讓太陽光進到屋子，紫外線可以殺菌外，室內可以蓄熱，到了晚上牆壁溫度就可以讓室內空氣保暖；而夏天晚上牆壁盡量散熱降溫，第二天室內壁溫就不會升溫得太快。

之後我陸續觀察出不同的建築配置方位，壁體、窗戶開口材料組合方式或是窗簾調控、室裝材料使用等，都會呈現出不同的溫溼度環境，而這些狀態若能加以掌握，便有助於健康與節能。

後來我提出了「綠能建築構造」（Green Energy Building Structures）的定義：建築物透過構材及組合方式，得以運用自然氣候與地質的能源來調節環境，以減少耗能的創新建築構造發明（劉志鵬，2017，中華民國第 I604166 號發明專利）。而〈綠能建築構造研發及實測分析

（Research, Development and Measurement Analysis of Green Energy Building Structures）〉則是我在臺北科技大學設計學院的博士論文。

在臺灣氣候中，平地透天住宅運用綠能建築構造的觀念，可以興建出冬暖夏涼的房屋，相較於鋼筋混凝土構造，在冬天及夏天時約增減溫度 3.5℃，若搭配空調運作可以提高一倍的效能，能耗則可以減少 2/3，可徹底防潮並助於通風換氣。

在建築量體較大的公寓建築，則可以運用不同方位風向及日照的差異，選擇適合的外氣導入室內複層樓板中間的氣室，再透過活性碳、木炭調節濕度，引入室內後間接來運用能量與新鮮空氣。

LESSON 10
防潮建築構造的發明

我在臺北科技大學博士資格考筆試時，協同指導教授邵文政老師提出了題目「臺灣氣候環境特性應如何避免潮濕建築的發生，並提出三種不同住宅類型建築之防潮濕技術，包含建築材料、構造方式與系統之設計與控制」，後來我將這些內容整理在《健康宅在臺灣》一書中的第二篇「臺灣防潮濕建築」。

臺灣地區年平均相對濕度高達 81%，溼度高對建築構造的耐候性、物理性影響很大，除了造成建築使用年限的驟減外，亦容易滋生黴菌，而形成病態建築環境。現有常見的住宅建築，在吹南風的季節時，容易發生反潮的現象。當發生反潮現象時，住宅內的水氣將會結露於地面及牆面，此易造成住戶的困擾。

防潮建築，主要目的在於提供一種防潮建築構造，用以解決傳統建築在防潮方面的問題。本發明提供：一、外斷熱、內蓄熱外牆；二、斷熱樓板；三、窗戶開口處理原則；四、室內裝修原則；五、通風換氣原則；六、外牆防水填充或塗料原則，組合成防潮建築構造。

一、外斷熱、內蓄熱外牆：熱傳透值要相對低，以避免外面氣候的變化造成室內空氣結露情形。
二、斷熱樓板：避免上下層溫差造成板面空氣反潮情形。
三、窗戶開口處理原則：窗戶玻璃與牆體的熱傳透值差距要大，讓外氣高低溫作用時，結露情形產生在玻璃，而達到室內空氣溼度降低及室內裝修、棉被、家具、書籍等物品維持乾爽。

四、室內裝修原則：防潮、透氣、有機，且避免密閉櫥櫃。

五、通風換氣原則，讓室內空間避免有氣流死角，保持空氣流動狀態。

六、外牆防水填充或塗料原則，以防水粉或具有外透氣或全面防水塗裝，
　　排除室內側會有虹吸現象的水滲入情形，相對減少吸水率、透水率，
　　組合成防潮建築構造。

本發明的效益在於：可以避免居室產生滲水及結露，控制結露位置，減少
空氣對流死角，而達到室內空氣溼度降低，保持乾爽，藉此可讓建築構造
及裝修構材壽命延長，使居住者有更健康的居住環境。

一種防潮建築構造新型專利（2019 ／ 12 中華民國新型第 M587190 號）

LESSON 11
防災建築構造的發明

臺灣約 85% 的新建建築構造為鋼筋混凝土構造,雖具防颱、防火、隔音性能,卻因為重量大,不利於防震;木構造及輕型鋼構造方面則有颱風、火災及蟻害方面的問題;臺灣是多重災害嚴峻的地區,年平均相對濕度高達 81%,溼度高對建築構造的耐候性、物理性影響很大,就同時具有防震、防颱、防火、防蟻且防潮濕的防災型建築,是需要特定的構造組合方式。

防災建築構造發明之主要目的在於提供一種建築構造,用以提升建築有效防災的問題。為了實現上述目的,本發明提供:一、簡易型減震基座;二、SN 鋼骨骨架;三、防火牆;四、防火樓板;五、防潮防水原則;六、通風原則。

一、簡易型減震基座:在上部建築構造較 RC 構造減重 1/2-2/3 後,視建築規模及地質以基樁或是板基礎經阻尼器以鉸接方式承接上部構造。
二、上部構造以 SN 鋼骨為骨架,在以輕質牆板為原則下,自重相對 RC 輕量,但較一般輕型鋼構較重的方式,經由相對多數而斷面較小的 SN 梁柱以籠型方式組裝。
三、防火牆為具外斷熱、內蓄熱的特性,例如 3D 牆方式。
四、防火樓板為鋼承鈑崁入 SN 鋼梁後,上面填充輕質混凝土方式。
五、防潮防水原則為內、外牆面具相對較高的斷熱,在臺灣平地氣候範圍不會造成牆板反潮及結露情形。
六、通風原則:在主要居室空間有主動式通風換氣機制。

蝸牛住宅與斑馬公寓

本發明的效益在於：可以確保整體建築的組合方式，就同時具有防震、防颱、防火、防蟻且防潮濕的防災性能。緣此，在用減震輕量化 SN 整體組構性及高斷熱防潮牆板與通風對流的整體建築構成機制及原則，可使建築具相對良好的防災性能，藉此，可讓居住者有更安心的居住環境。

防災建築構造新型專利（2019 ／ 11 中華民國新型第 M586742 號）

LESSON 12
一種多功能建築樓板構造的發明

臺灣約 85% 的新建建築構造為鋼筋混凝土構造，雖具防火及一定隔音的特性，但鋼筋混凝土樓板構造笨重，不符全球綠建築減重的趨勢，而管路配置在樓板構造內，經常會出現滲漏水維護及震動音響方面的問題，造成樓層分戶之間的困擾與衝突；此外，在臺灣潮濕氣候下，鋼筋混凝土構造容易產生反潮、結露的情形，這對居室的環境有不良的影響。

一種多功能建築樓板構造發明之主要目的在於提供一種建築多功能樓板構造，在構造減重、防火、防滲漏水、隔音、防潮、空氣調節、儲藏等方面提升建築性能。

本發明提供一種建築多能樓板構造，其蓋設於一建築鋼骨結構包含：一、H 型 SN 鋼骨梁構架；二、鋼承鈑輕質混凝土填充；三、輕型鋼架，架高的上面的層板與輕質混凝土板間，形成一個空間，可作為管路、空氣調節及儲藏運用。

一、H 型 SN 鋼骨梁構架具有一體成形、強度高，連結柱子組成建築主體結構，其與副梁則做為之樓板之構造並支撐鋼承鈑方式。（其與一般至於鋼梁上方經由剪力釘連結的方式不同）
二、在鋼承鈑上方填充輕質混凝土，形成具有防火、隔音的樓板構造，樓板下方為防火披覆及作為下層空間需求而處理的天花及管線。
三、樓板上方則以輕型鋼架為支架，上置防火板材做為地板構造，架高空間內置空調、給排水、弱電、瓦斯等水電管路，水管部分以複管方式或是處理防水區劃，部分區劃成置放木炭並處理濾材，做為調節戶外

空氣溫濕度的空氣調節或搭配架高的和室來處理成儲藏空間。

本發明的有益效果在於：相較於一般 RC 梁板，總重量輕，總高度較低，隔音較佳又不會反潮、結露，並避免給排水的滲水問題對下層使用的影響，並可增加空氣調節及儲藏功能，構造成本經濟且容易維護，提升建築性能。

建築結構新型專利（2019 ／ 11 中華民國新型第 M586736 號）

藍海新產品：
雅緻防災健康宅的緣起與內涵

LESSON 13
AG 建築構造（AG Building Structures）的由來

1998 年前後，宜蘭推動「宜蘭厝」的活動，而我則從校園規劃設計服務轉型興建民宅，在完成第一代防震建築工法的開發後，雖然性能良好，但因成本過高，便從硬碰硬轉為以柔克剛的方式，在十二年間發展到六代工法，初期是以雅朋營造單獨研發，前後取得約十項的發明或新型專利，輕質鋼骨混凝土二元構造系統代稱為「AP-LSRC 工法」，後由雅緻住宅事業團隊接手，七代工法後稱謂改為「AG 構造工法」。

AG 為雅緻住宅事業有限公司從「減法綠建築」理念所發展的專利建築構造，AG 為「雅緻」的簡稱，取「A Good House」之意，構造特性為「建築物在透過減震基礎、輕質牆板與籠型鋼架所組成」，具防震、防颱、防火、防蟻的防災建築功能，其在綠色環保建築的發展貢獻，係相較臺灣 RC 構造，構造透過減重及基礎方式的調整，具提升防震能力與減少水泥的使用，並在牆體及窗戶開口斷熱的提升後，達到節能減碳的具體功能。

AG 建築構造如圖。構造重量為 RC 的 1/3，減震基礎，SN 籠型鋼構骨架，3D 輕質斷熱牆體，具防震、防颱、防火、防蟻性能，利用排放係數法（精算法）估算 AGS1 複合建

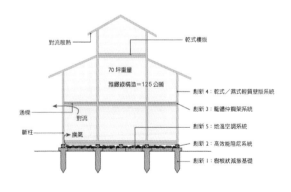

築構造較鋼筋混凝土建築構造之碳足跡及其各階段總碳排放量，含與不含四十年日常使用時，各分別減少 30.7% 及 43%，構造工法易於工管、備料、品管且施工快速，減少工種及職災發生（劉志鵬，2015）。

蝸牛住宅 AGS1 的由來

2013 年，因為服務桃園龍潭篤蒔綠家園的開發需要，邀集二十多位股東合資成立「雅緻住宅事業股份有限公司」，並經由該案原地主釋出一戶土地做為七代宅原型屋的開發，代稱為「AGS1」。

AGS1（AG Snail 1）：S 為 Snail 蝸牛之意（在臺灣無住宅者稱為「無殼蝸牛」，「住者有其屋」係雅緻住宅創立之理念），數字 1 則代表為第一棟實驗標的。

AGS1 為雅緻住宅事業以「減法綠建築」的概念，發展防震、防颱、防火及適合臺灣潮濕氣候特性的低耗能及健康建築之構造專案；AGS1 係以師法傳統建築智慧及自然哲理，因地制宜的自然、採光、通風環境規劃，以柔克剛的結構系統，適材適所的構材使用，減少不必要的構材、設備，讓生活環境得以順應四季的變化來經營，這可謂為「以減而得」；「減法綠建築」AGS1 的設計議題在於「以減法的概念，簡化及減量建築的構材、設備、設施，讓居住者能與房子外在的氣候及房子本身的使用變化進行對話，從生活智慧中來設計人與人、人與環境互動良好的綠好宅」（劉志鵬，2017）。

LESSON 15
斑馬公寓

斑馬的皮膚是黑色的,但長出來的毛是一黑一白相間,在太陽光照射時產生不同的表面溫度,因而形成小氣流來加速皮膚的散熱,這樣具有小的空調效能,而這個觀念可以運用於建築外觀在建材及顏色的處理。

社會福利方面,倡議青年住宅或是高齡住宅的興建,就某些條件來說,集中設置有其考量,但就永續經營的角度來說,銀髮與黑髮的共生亦有許多的優點,因為在不同的體能、心智、經濟力、時間性等因素,對環境維持的互補性,例如青年上班時老人帶小孩,青年勞動維護硬體,老人維持環境美化等等。

我將危老改建建築在永續社區維護的觀點上,導入斑馬公寓銀髮與黑髮共生的觀念,另外將綠能建築構造、防災建築構造、防潮建築構造、公寓隔音防火防滲水樓板構造及地溫空調換氣系統等,運用在斑馬公寓,相信這會是未來臺灣公寓的重要建築構造方式。

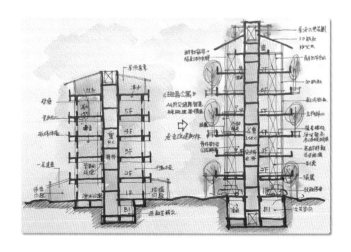

在業主的支持下，我們在桃園及臺南完成了小斑馬公寓的雛型，一樓停車的處理解決停車需求，複層樓板的處理，提升了更好的防火及隔音方式，也解決同層排水與空氣調節的技術問題，未來市場上應該會有相當的發展空間。

雅緻斑馬公寓型態

雅緻住宅事業斑馬公寓分類及其功能區分（1/3）

類別	項目	小斑馬	中斑馬	大斑馬
層數		G+3.5F	G+5.5F	B+G+7.5F
基礎	單板基盤	※	※	※
	基樁		※	※
	地下室			※
	2F 梁下隔震	※	※	※
樓板	EPS 雙層板	※	※	※
層高	老 3/ 青 4.2-4.5	※	※	※
柱梁斷面	200*200	※		
	250*250		※	
	300*300			※
牆體	3D 牆	※	※	※
	換氣孔	※	※	※
屋頂	3D 牆	※	※	※
平面	氣室對流通道	※	※	※
	無障礙入口	※	※	※
	電梯	※	※	※

雅緻住宅事業斑馬公寓分類及其功能區分（2/3）

類別	項目	小斑馬	中斑馬	大斑馬
層數		G+3.5F	G+5.5F	B+G+7.5F
	公共空間約定	※	※	※
	物業管理機制		※	※
	管理室		※	※
	委員會	※	※	※
	托嬰		※	※
	老人照護		※	※
使用	使用維護	※	※	※
	晒衣場		※	※
	圍籬	※	※	※
	門禁	※	※	※
	停車場	※	※	※
	腳踏車停車	※	※	※
	遊戲場	※	※	※
	籃球場		※	※

雅緻住宅事業斑馬公寓分類及其功能區分（3/3）

類別	項目	小斑馬	中斑馬	大斑馬
層數		G+3.5F	G+5.5F	B+G+7.5F
	菜圃	※	※	※
使用	涼亭	※	※	※
	7-11			※
	代步車			※
	汙水處理	※	※	※
	緊急用電	※	※	※
基幹設施	電動車充電	※	※	※
	自助洗衣機		※	※
	飲水機		※	※
	監視系統	※	※	※

小斑馬公寓的發展雛型

雅緻近期已經完成的二個小斑馬公寓的發展雛型案例，一個是位在桃園青埔特區內的公寓工程，業主是一位土木技師，負責整合家中成員興建的自用住宅，一、二樓是自己與長輩使用，三、四樓則為雙併的弟妹居住，業主對於創新工法的支持，除了在 SN 鋼籠型構架、牆板構造的減重、斷熱防潮特性外，運用下部構造處理成地溫氣室，來調節一、二樓空氣品質外，三、四樓板則嘗試以複層地板方式來處理，包括整體衛浴的同層排水，還有架高空間的木炭調節濕度，作為外氣導入調節換氣的方式，這是雅緻創新樓板運用的首例。

另一個是位於臺南東區的公寓工程，建築構造如同新加坡地區常見的方式，鋼骨骨架一樓是重構造作為停車空間，上部則是減重牆板構造，運用下部基礎構造處理成地溫氣室調節後，連接到上面樓層與全熱交換機整合成換氣機制；二到四層則為業主及兒女分層分戶方式規劃，生活上彼此能夠相互照應，也能夠擁有屬於自己私密的空間方式，具有三代同鄰公寓的雛形。

桃園青埔斑馬公寓案例

臺南東區斑馬公寓案例

LESSON 16
雅緻斑馬公寓 AGZ1 的開發

AGZ1 的開發企劃背景

臺灣近年來空屋率過高，民眾薪資亦未提高，然而土地地價及建築工料卻持續高漲，住宅供需形成矛盾的現象，一方面生育率及單戶人口數下降，獨居人口增加，危老改建及邁向超高齡社會等因素，形成「三代同堂」轉為「三代同鄰」的社會變遷，反映於建築產品的現象是，購屋能力在總價不變的限制下，產品則由農舍、透天變成套房型公寓這樣的趨勢。

以往住一、二、三低密度住宅區，多為獨棟、雙併、連棟透天的開發方式，因為土地的漲幅過大、成本增加，單戶土地坪數持續降低，產品變成了樓梯屋的型態，但當總價超過了一般雙薪家庭購屋能力，那麼透天住宅的產品將很難去化或是經營；擁有自有私密空間，有法定車位，假二房假三房，就新建案總價在 500-1,000 萬的防災健康住宅產品，將會是臺灣新的主流產品。

就六樓以上需附建地下室構造，且單層面積過大時在梯間、消防及受電等配套措施要求相對提高，建築施工期拉長，開發成本高，資金挹注期長，房售時大公面積增加，對購屋者來說單價高卻 CP 值低。有別於一般公寓建案開發，G+4.5 層的小斑馬公寓住宅產品，將是雅緻住宅 2021 年投資開發的重點項目，這個邀集數家企業，參與共同開發的小斑馬公寓原型展示屋，將會呈現創新的高齡住宅、青年住宅、氣候調節陽臺、空中農場等具體成果，非常適合於臺灣危老改建的公寓運用，引領臺灣公寓住宅新世代的發展。

AGZ1 開發案

雅緻住宅事業發展共生公寓小斑馬，綠能構造公寓概念雛型已於桃園高鐵特區李宅及臺南謝宅完成興建，鑑於篤蒔綠家園目前二期即將完成，為努力實踐完整千坪綠色家園開發，雅緻工法構造公寓型態運用於危老改建，及渴望園區有此產品開發研究之空間，開發 AGZ1 有其意義及利基。

AGZ1 為雅緻發展斑馬公寓的原型屋建案，G+4.5 層公寓式建築，為一小斑馬建設開發案，AGZ1 土地約 140 坪，地面層規劃九個車位單位，單層區分成 A（套房型）二戶，B（一般公寓型）一戶，二樓為三戶高齡住宅方式，三樓為三戶一般住宅，四樓為三戶青年住宅，合計為九戶。本案運用複層地板處理防火、隔音、同層排水及節能、通風換氣。

AGZ1 土地約 140 坪，建蔽率 40%，容積率 120%，總建築面積為 258 坪，依規定每單位最小附設一法定車位，本基地地面層約可規劃九個單位（內含二個無障礙車位），開發四層半公寓式建築，單層區分成 A（套房型）二戶，B（一般公寓型）一戶，二樓為三戶高齡住宅方式，三樓為三戶一般住宅，四樓為三戶青年住宅，合計為九戶。

本案運用複層地板處理防火、隔音、同層排水及節能、通風換氣，開發時程暫定為 2021 年 9 月底前完成規劃及開發案細節確認，2022 年 2 月開工，2023 年 3 月前使照申請。各戶土地（A 16 坪 -B 13.5 坪）建坪（A 36 坪 -B 25 坪，含停車、陽臺、水箱、梯間，其計算方式另列），價格約在 600-900 萬元。

AGZ1 小斑馬公寓設計發展重點

建築設計部分

無障礙高齡環境

出入動線無障礙／停車／樓梯雙向扶手／室內無高差／休息座椅

立體化青年環境

閣樓空間運用設計／移動式牆面櫥櫃組合

天空農場

竹構架／魚菜共生／雨水回收再利用／立體綠化

公共開放空間

隔屏、水電源、設施、家具、儲藏

停車棚架與立體綠化休閒設施

建築造型

遮陽板／伸縮縫／出簷

其他

管路美遮／洗衣乾衣／熱水飲水設備位置／儲藏空間

建築構造部分

複層地板／樓層高度／制震壁／氣候調節陽臺

智慧宅部分

智慧水表、電表／空氣品質檢測器與日照、溫度、溼度、換氣、窗簾偵測及設備連結

環境模式設定／智慧夜間保全及景觀照明

設備部分

緊急發電／夜間照明／停車使用充電系統／五大管線及表箱配置

整體衛浴同層排水

輔具部分

雙向扶手輔具／公共動線伸縮休息坐檯／洗手臺、廚具、櫥櫃升降裝置
觔斗雲室內平面移動裝置

建材部分

竹子地板／無毒裝修
竹子仲介空間及虛空間的構成

軟件部分

使用管理維護／公共梯間護網／生活藝術教室
給排水、燈具、空調設備維修

好爸媽協力造屋平臺

鄰里約定／物業管理／公寓大廈管理

LESSON 17
自立造屋平臺

「自立造屋」係以居住者為中心，就土地位置、鄰里關係、建築形式、建築施工及營建時程、經費等居住者得以自主；然而現今因為建築法令、建築技術及行政作業的過於專業及繁複，導致自立造屋對一般人而言並非易事。因此「AG-HOUSE 專業協力造屋」因應而生，提供了住宅客製化一條龍服務的新模式：我們整合優質潛力的土地資訊，並媒合具有鄰里生活共識的業主，如此業主可以省事且降低風險，也減少不必要的管銷支出，其最珍貴的價值則是在於業主「得以實踐自己對住宅的主張及參與認同」。

自 2002 年起，我在宜蘭進行第一組四合院自立造屋案，至今已完成了十多個小型的社區開發，建立了一些鄰里偕同造屋綠色家園的軟體機制，希望能更進一步結合資金來開發，提供更多民眾能夠進行合作開發的偕同造屋平臺，以千坪土地適當的組合蝸牛與小斑馬產品，組成全人化的社區，也能結合物業管理使居住環境得以永續成長。

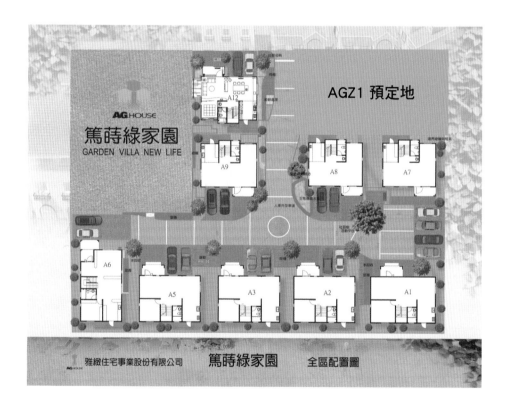

掃描 QR Code
看更多 ⟶

LESSON 18
雅緻防災健康宅的主要階段施工介紹一：基礎

傳統諺語「基礎要打穩、柱子要粗用」，加上臺灣傳統民居土角厝文化，以及每年颱風的侵襲，所以硬碰硬的觀念根深蒂固，因此在臺灣鋼筋混凝土成為主要的建築構造型態，RC 非常重，每 m³ 達 2.4 公噸，70 坪的透天房屋總重達 500 公噸，太重放到地面上的話，尤其是農地軟弱地質，很明顯會有沉陷的情形，所以很自然地會發展出筏式基礎系統，將所有的柱子透過整體基盤來連結分散到地底，這不就是最堅固的方式嗎？

從分攤房屋重量及防颱來說，這是正確的觀念，但是如果從地震力的衝擊來說，那麼承受的地震力也將是最大、最直接的，一個剛性的筏式基盤在連續震波的衝擊後所有承受的力量，將百分百的接受這些震波能量，並往上部構造傳送，而連續衝擊能量的加載，尤其是共振狀態，將會是造成 RC 構造一樓梁柱混凝土剪斷的主因。

從日本防災中心振動平臺的實驗結果來說，越重越怕地震，這是一個 RC 構造需要面對的問題，所以全球幾乎都以發展具有抗風性的建築輕量化構造為主軸，而從基礎本身來說，避免傾倒、不均勻沉陷及錯動是主要的考量，如果建築構造屋在減重下，那麼基礎其實不需要太大，反而應該思考如何減少地震力的衝擊及往上部傳達的內應力，這樣透過減重及減震基礎的方式，可以大量減少不必要的贅重還有構材。

雅緻基礎系統就是在這樣的觀念下來發展，針對不同需求目的與地質狀態來設計基礎系統，不管是土壤液化、高地下水位或是淹水地區、山坡地或

是地下室停車電梯等條件都可以搭配適當的減震基礎系統，基本上會區分有無減震處理，還有上部構造有無架高的組合方式。

施工快速、可運用地溫、可防潮，主要構件為模組化，這些是雅緻基礎系統的特性。

LESSON 19
雅緻防災健康宅的主要階段施工
介紹二：鋼架系統

鋼筋混凝土結構為剛性的梁柱框架式構造，以鋼筋抗拉混凝土抗壓的方式來搭配，其中鋼筋的材料特性較為穩定，但每根鋼筋都是一個單獨的物件，需要靠混凝土來聚合，偏偏混凝土本身是由水泥砂漿混合，凝固後才能達到一定強度，而其水化過程中有許多的變數，然而混凝土的抗壓強度並不是混凝土構造的最大問題，而是在於整體構造的贅重問題。

鋼骨結構以 SN 型鋼或是組合鋼板為建築的梁柱構材，因為生產特性，所以強度品質較為穩定，且大都在工廠加工備料，所以施工精度與品管較容易掌握，其組裝接合是依靠焊接或是螺栓搭組，基本上鋼構相較於 RC 是屬於韌性的構造方式，較不適合超高層受風力的影響且需要較完善的防火處理。

RC 構造需要較大的梁柱尺寸，構件的慣性矩 I 值較高，而 SC 構造的斷面尺寸則可以相對較小，但是純鋼料其構材的使用較多，加上 SC 或 SRC 的組裝若搭配一般的 RC 牆板，那麼施工細節繁瑣單價較高，一般造價約高於 RC 80% 左右；除了費用問題外，鋼骨構造若運用在低樓層的住宅設計，一方面費用較高外，在造型的收邊處理上較難處理的很細緻，所以一般運用的比率也不高。

在鋼筋混凝土構造不利於強震危害，還有純木構造不利於防颱、防白蟻及防火的考量上，鋼骨構造成為雅緻發展防災構造的最佳選擇，然而鋼構主要區分為傳統熱軋鋼及冷軋型鋼，在國外無颱風加上原屬木構造文化地

區，很自然的能接受輕量型鋼的構造系統，一方面重量輕，二方面用料節省、組裝速度快、造價便宜，尤其搭配乾式室內外牆板可以淘汰傳統模板、鋼筋、污工等勞力密集工種，在一般先進國家來說是非常普遍的主要住宅構造系統，然而因為牆板體的乾式空心構造，相對在隔音性能及堅實感方面，較不適合臺灣民眾習性，尤其在外板牆的施工方面，缺乏嚴謹度，每年颱風的侵襲造成多起的損壞情形，對於臺灣建築師、建設公司乃至於一般民眾產生疑慮。

基本上 SN 鋼構的發展在全球已是相當的成熟，結構計算及施工規範等一般都能為臺灣建築師、土木結構技師等流通運用，但是因為造價較高，所以在住宅的比例並不高；雅緻在發展創新構造的過程中，選擇 SN 鋼構為主體，但從下列幾個方面來調整，牆板體的減重，基礎的減震，配合住宅的空間模矩，選擇適當的型鋼尺寸，SN 鋼骨配合牆面位置增加柱子的數量，以通梁的方式來組成樓板，便利於在地面先組裝各層樓板及屋頂板的方式，將 DEC 板以崁入型鋼的方式來減少梁板的總厚度，搭配 3D 牆及門窗形態處理補強 C 型鋼或是水平橫力構件或斜撐，這樣的組裝產生了下列特性：

一、尺寸斷面可以縮小 1/2。
二、室內淨高增加但是階梯數減少。
三、有效室容積增加 12%。
四、造型處理容易。
五、施工組裝速度極快。
六、較一般 SRC 構造費用減少 35%。

七、可搭配 3D 牆體的濕式工法，亦可搭配 C 型鋼乾式工法。

八、結構分析檢討符合相關法令規定。

雅緻在歷經二十年的研發，目前的骨架系統不僅在透天住宅方面已臻完備外，亦運用在幼兒園等公共使用及公寓方面的案件，深具未來發展性。

LESSON 20
雅緻防災健康宅的主要階段施工
介紹三：牆板系統

在介紹 3D 牆時，我已說明磚牆、混凝土牆的問題，也提出了牆板體在減重、斷熱、隔熱、避免結露、反潮的重要性，雅緻工法在經過二十年的演進，搭配 SN 鋼架選配適當厚度的 3D 牆，並且建立水平構件與鍍鋅鋼網補強的原則，尤其在外側噴漿厚度及防水粉處理的施作原則，以確保鋼構與 3D 牆間不會有結構性裂縫的產生，也可排除在颱風風壓下滲水的問題。

在樓板施作上，原則上我們採管路外露的方式，以獨特的 DEC 鋼板崁入 SN 鋼梁，上面填充 EPS 輕質混凝土的方式來組成主要板體，其目的為減重、不會崩陷、防火、不反潮，也可以減少梁板的總厚度而減少階梯數。

以上是雅緻濕式壁板體的方式，另外還有一種是所謂的乾式系統，這在全球來說是非常普遍的方式，例如在日本，因為傳統木構造的壁板就是乾式物件的組裝方式，所以在居住文化上很自然的存在這樣的方式，在臺灣因為生活文化的不同，加上颱風、熱濕氣候，所以在防颱結構安全性，隔音防火、抗候方面，一般民眾接受度較差，但是乾式施工亦有許多面向的優點，如果嚴格的施作，那麼前面的問題是能夠避免的，尤其在施工速度品質方面，乾式施工的特性在未來勞力短缺時，相對的會產生優勢條件。

雅緻系列工法很早就將乾、溼或混和方式，一體納入發展並且各自建立一

定性能標準的要求，目前乾式方式仍以 SN 鋼構為主骨架而以冷軋 C 型鋼為次構架，來吊掛斷熱板、防水布及不同材質的掛板方式，內部則填充輕質隔熱磚、發泡材或隔熱棉，內側則依需要處理防潮石膏板、水泥板等防火面板。

臺灣未來住宅建築工法的發展，一方面要滿足民眾的需求，另一方面要具有競爭力，尤其不管是透天還是公寓建築也都能加以運用發展，雅緻團隊現在的發展方向就是在這個主軸上來努力。

LESSON 21
雅緻防災健康宅的主要階段施工
介紹四：打底、防水、屋瓦、外飾系統

有了完善的建築基礎、骨架及填充基材體質後，除了氣密窗外，建築物的外部構成就是需要完善的打底、防水、屋瓦、外飾整體配套系統；在臺灣颱風時，強風夾帶著豪雨及夏天的有害紫外線，對於外部系統的考驗是相當嚴峻的，在臺灣有諺語「沒漏就不算是樓厝」、「土水怕抓漏」，都是在描述著鋼筋混凝土構造或磚牆構造的漏水及壁癌問題，而這個問題其實說起來可區分成五個部分，一個是真的外牆結構產生裂縫的滲漏水，一個則是水泥砂漿虹吸的滲水，第三則是壁體管路的結露水，第四則是窗戶Silicone 或防水層的老化滲水，第五則是屋頂落水頭破損及陽臺溢水。

基本上這些問題的產生有時是同時發生的，所以說我把這些相互影響的問題一併來談，基本上只要建築的基材是濕式工法（也就是現場有使用水泥砂漿施工方式），都會存在這些問題，冷縫、水化作用、虹吸現象、熱脹冷縮等等，這些狀況都是很正常的物理現象，水泥砂漿凝結後是剛性體，而大多數的防水材料則是彈性體，二者硬搭在一起時間久了，必然會相互拉扯，所以處理上有幾個基本概念。

第一是基材本身，減少吸水率、含水率，最好有完整的斷濕材料，來切斷或減少外面水氣向內滲入的機會，其次是在可能會有積水的位置，必須有絕對的防水隔離處理，再來就是避免在防水層上面貼磁磚或抿石子，因為熱脹冷縮後會破壞防水層。

具體來說，臺灣的施工因為大多數是濕式作法，著重在窗框填塞砂漿是否確實，窗框邊角有無補強筋減少裂縫，外飾飾材選用磁磚、大理石、花崗岩或是抿石子，其實磁磚或是抿石子在雨後，您可以仔細觀察到都會含水也有裂紋，這些黏著層及填縫大都會吸水，所以顯示出內部的打底層其實都是龜裂的狀態，如果沒有全面塗佈完整的防水層，那麼在臺灣高濕度的氣候下，壁體終年其實是受潮的狀態，尤其是在冬天，因此會有較高的熱傳透值外，夏天壁體是悶熱的、冬天則是濕冷的，亦容易產生壁癌。

基材的處理有好的體質，那麼就可以解決大部分的問題，有好的斷熱、防潮、不結露，打底及窗框填縫砂漿，加添防水材料來減少吸水率、含水率，那麼砂漿虹吸滲入的問題就可以避免，最後則是外飾材料，最好能整體防水，也減少受熱脹冷縮的影響；在國外很少會見到在防水層上面貼磁磚的做法，基本上會整體處理 FRP，後面以塑木架高方式或是鋪設人工草皮來遮擋紫外線，以便於檢查及維護，一般五星級飯店大都採用此種方式。

外牆的部分，則是以防紫外線的奈米仿岩漆塗裝為主，或是以乾式壁板用掛件方式包覆，屋瓦通常不會以濕式泥漿來黏著，如果是平屋頂或陽臺，那麼洩水坡度及落水頭的處理，溢水口的留設，防水層在泛水的轉折及收邊等要確實，表層則要做好防紫外線及避免使用刮傷。

當然在出簷、線板及女兒牆邊角的收頭，在設計及施工上都有許多的細節需要照顧，往往也因為這些內容，大多數人缺乏經驗，也沒有提列預算來注重，所以初期感覺不出問題差異，都是需要經過幾年後才會感受到一些不便，我從三十年的經驗中來回顧這些問題，各方面若要照顧好是需要工程整體的實踐才能達成，因此營建團隊要落實需要實體經營，一條龍的服務，從設計、建材到施工，尤其是管理落實，在臺灣民眾要能支持，否則這樣的團隊是組不起來的，當然也得有心的人來組成才是。

適材與適所：
減法綠建材及設備的應用

LESSON 22
雅緻鉸接器介紹

臺灣是橡膠加工先進技術的重要國家之一，在建築構造使用的 RB 橡膠阻尼器、LRB 鉛心橡膠阻尼器，臺灣是全球主要的製造及輸出國家，而這類產品亦為聯合國國際減災戰略署（United Nations Disaster Risk Reduction, UNDRR）所認定的具經濟和效能的裝置。

在九二一震災之前，國家地震中心及內政部建研所就已經有在國內推廣這方面產品的開發運用，然而多年來受制於臺灣 RC 構造為主的文化，加上隔震消能設計結構外審的整個機制的限制，除了標榜的日系隔震豪宅有使用的少數建案外，臺灣的建設業者及建築師結構技師等專業人員，普遍缺乏這方面產品的專業知識及操作的經驗。

因為早期臺灣地方相關特殊建築構造規模及規範上有較大的彈性，在我發現 RC 構造越重越怕劇震的狀況後，我開始思考建築物在減重、減震、隔震、制震的處理方式，並且尋求具經濟可及的組合方式，在傳統隔震的運用方式上，是以改變地震波作用在建築構造週期的觀念，來達到減少地震直接的衝擊力及消能的目的，而我則先將建築物構造減重 1/2 到 2/3 後，地面上部構造基盤以鉸接點方式連接輕量型 LRB，以此來減少地震波的連續能量傳遞的觀念。

透過上述這個方式，我們以臺灣廠商生產只要日本造價的 1/10，就可以將 LRB 運用於一般的透天住宅，這個觀念更可延伸運用到 15 樓以下的中層建築構造，有關這方面的結構特性，在臺灣多颱風、多地震的地區，防災建築構造的發展其實還有很多可以研發，甚至對外推廣的需求，然而可惜

相關官學在這方面沒有提供資源，缺乏相關便民的法規來助益這方面的發展。

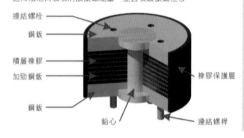

　　雅緻綠構造所使用的阻尼器，又稱為鉛心橡膠支承墊，也就是在積層橡膠墊中擠入圓柱狀鉛心，使其緊密鑲嵌於鋼鈑與橡膠層之間，當地震一來，阻尼器隨搖晃產生剪應變，其內的鉛心亦隨之產生剪應變；如果大地震來襲，則會導致鉛心塑性降伏產生遲滯阻尼而吸收消散振動能量，並且收斂振動位移。

連結螺栓
鋼鈑
積層橡膠
加勁鋼鈑
鋼鈑
橡膠保護層
鉛心
連結螺桿

雅緻綠構造所使用的阻尼器直徑約15公分至25公分不等。圖為基樁阻尼器。

LESSON 23
3D 鋼網牆體

六十年前，3D 鋼網牆在美國被開發生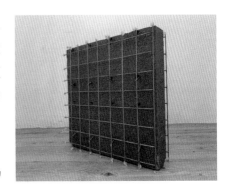
產，當時被運用於人口居住需求大量
而快速施工的低層建築構造運用，這
個構造使運用鍍鋅鋼線以三角桁架力
學行為與中間 EPS 板料組成立體構件，
再經過立體組裝後，外側噴覆砂漿，
凝固後形成建築構造，基本上可作為
建築主要牆板體乃至於結構運用。

在六十年的發展變化下，3D 鋼網牆由早期人工組裝生產方式，進化到全
自動機械生產方式，產品性能穩定，相較於一般磚牆、混凝土牆，其具有
減重、隔熱、斷熱、斷濕、防潮的性能，除了防火、隔音外，具有良好的
承載力及抗水平橫力，適合與鋼骨構造組合，為一良好的剪力牆、外牆、
分戶牆、隔間牆、樓板及屋頂板構造。

3D 鋼網牆在全球有多個國家在運用，然而臺灣只有一家全自動、一家半
自動的廠商生產，相關的產品性能研究有臺灣科技大學及朝陽科技大學的
研究成果，因為臺灣地區 RC 構造文化的觀念侷限，這類產品在市場方面
並未普及，但從臺灣 1990 年運用至今，其成效具體且相關運用組合配套
亦已成熟，臺灣產官學應加以掌握運用。

LESSON 24
SN 建築構造用鋼及 AG 籠型鋼架

SN 建築構造用鋼,是目前雅緻工法主張的主要結構構架的構材,以下內容是節錄東和鋼鐵官網資料(資料來源:https://www.tunghosteel.com/home/m3_qa):

一般我們生活使用上的產品大都有規範來限定其生產的標準,例如手機、安全帽、家電用品,甚至食用產品等,以保障消費者。而鋼材也有標準來規範,建築用鋼材在臺灣市面常見的鋼種可以分成兩大體系,一個是美國標準 ASTM,另一個是我國的標準 CNS,ASTM 的有 A36、A572、A992 等。另一為 CNS 一般結構用鋼材(SS 系列)、焊接結構用鋼(SM 系列)以及建築結構用鋼(SN 系列),SN 鋼材就是建築結構用鋼之標準,最能符合耐震設計性能需求。

SN 鋼材比一般鋼材多規定出降伏上、下限,最小降伏比,衝擊值之規定以及更嚴謹的合金成分控制。降伏上、下限的規定讓「強柱弱梁」的設計理念可以徹底地實現,比如說鋼梁的實際強度若太高,設計上在大地震下鋼梁本應該先降伏變形,結果梁強度太高造成柱子先降伏破壞,而柱是屬於韌性較差之桿件,造成建築物倒塌的可能。降伏比之規定是讓梁柱接頭的塑性鉸區增長,提升梁柱接頭之延展性及消能的容量。Charpy 衝擊值也是評估鋼材韌性的一個重要指標,衝擊值越高表示產生相同斷裂面所需的能量越高,代表越不容易產生不穩定的裂縫成長(稱「脆性斷裂」),因

此高衝擊值之鋼材，代表對母材、焊接瑕疵與幾何形狀變化所產生之應力集中的容忍度也較高。

SN 鋼材對化學成分的控制相當嚴謹，如降低碳、磷及硫等不利於鋼結構焊接含量，增加焊接性，尤其是高入熱量焊接。綜合上述問題可以發現 SN 材是為地震帶區域發展出來的鋼種，所以也可稱 SN 材是耐震鋼材。

SN 鋼構以籠型方式均勻的配置組成，加上考量運用機械在地面完成主要的組裝再行立體組裝，AG 工法的梁柱組合及 DEC 樓板安裝均有其特殊性，相較 RC 構造可以減少不要的梁柱斷面，增加室內淨空間，公寓方面更能創造複層樓板型態及提升閣樓空間的運用，尤其與 C 型鋼次構件及 3D 牆板能夠充分結合，形成具有剛韌性兼具的構造性能。

LESSON 25
斷熱窗簾及窗框介紹

以下是我在博士論文中對斷熱窗簾及窗框所做的專有名詞釋義：

斷熱窗簾及窗框（Insulation Curtains and Window Frame）：斷熱窗簾具100% 遮光率、不透氣及背面反光的三個特性；斷熱窗框則運用 U 值相對較低的木料，在窗戶四周處理成斷熱窗框，以減少窗簾與窗戶玻璃間空氣熱對流的情形。

基本上，除了外牆隔熱處理及窗戶玻璃材料型態、外遮陽等，會直接影響到外氣候對室內熱得或熱損的情形外，斷熱窗簾及窗框也是非常直接影響的因素，如果懂得運用在夏天遮陽、冬天保溫，那麼將可以節省 30-60%左右的冷暖房需求，尤其臺灣有太多的玻璃帷幕建築，錯誤的節能窗效能數據，誤導了民眾窗戶能耗的損失，大家可以參考我在這方面研究的成果。

斷熱窗簾正面具 100% 遮光率、不透氣的特性

斷熱窗簾背面具反光的特性

LESSON 26
透射型輻射製冷膜介紹

「牆壁隔熱好，不代表夏天室內不會熱」，因為一般雙層玻璃中隔熱膜方式，雖然能將大部分的輻射熱阻擋，卻也造成熱吸收量大、溫度高，而對室內從輻射熱轉為傳導熱與對流熱，尤其臺灣室內溼度偏高，熱傳導速率高，加速了對室內構材的蓄熱作用，因此節能效益不高。相對地，由美國馬里蘭大學及科羅拉多大學團隊所研發的透射型輻射製冷膜，其相對熱吸收量僅 20W/m² （SAV），冷卻能力為 100-150W/m²，大氣窗口輻射率大於 90%，顯示了直接在窗玻璃外側直接排除日照輻射熱並且對室內冷卻，這樣的方式有其實質的效益。

本人進行簡易的比較實測方式，就透射型輻射製冷膜之安裝前後玻璃、室內及受照體溫度變化紀錄，分析得到，透射型輻射製冷膜較一般雙層玻璃中隔熱膜，熱吸收表溫度低約 15℃，而受照木板表溫則相近，均較清玻璃受照木板表溫少約 12℃，運用透射型輻射製冷膜可以大量減少室內熱得。

針對臺灣潮濕氣候居室，夏天時減少熱得，晚上需要散熱，冬天時獲得熱得並曬到陽光，晚上則需要減少熱損，遮陽板或是窗戶外遮陽裝置外，玻璃型態的選用是關鍵，一般多層內置節能膜的產品多半效能有限，且影響冬天室內日曬，有景觀考量時，可選擇透射型輻射製冷膜。若沒有景觀方面的考量時，則可考慮斷熱窗簾的運用，如此可以減少約 60% 的室內熱得或熱損；倘若進一步考量冬天室內濕度的調節，運用冬天外氣溫較室內低的特性，在適當位置的玻璃產生室內冷凝方式來調降濕度，北側及東側窗戶不貼透射型輻射製冷膜或是使用多層玻璃，負責夏天室內散熱及冬天冷凝調濕，西側及南側玻璃則貼透射型輻射製冷膜，只要有窗戶就選用適當的斷熱窗簾。

LESSON 27
地溫空調的運用

地冷空調（Ground-cooled Air Conditioning）為將地下冷源與空調系統結合的技術。在高緯度地區，冬天時地面結冰溫度低，人們會運用地底深處水空氣或冷、熱媒管路的埋設，運用地溫能量的轉換來調節室內空氣或用水的溫度狀況。

我們在發展建築工法的過程中，早先是為了隔震及地板防潮而架高，並未刻意抽起來運用底下的空氣，因為一般會覺得應該有露水濕氣，後來經過長期量測觀察，發現在臺灣的氣候中，架高地板下方的地表溫濕度環境，因為有建築物的遮蔽，地溫受外氣直接影響的變化會較少，像夏天小狗會趴在涼快的地板上一樣，所以我們便投入研究如何地加以運用。

在建築基礎方面，我們以鋪設碎石及木炭方式，在地表與樓板的阻尼器韌性區的範圍，約有 50 公分深的空間可以導入室外空氣混合，讓地溫調節溫度，裡面置放木炭則可以調節濕度，抽風口如果放置活性碳則可以吸附及過濾一些空氣污染物。

經過實際建築的量測觀察在臺灣桃園的案例，可以在夏天調節外氣溫降低 8-10℃，在冬天調節外氣溫提高 6-8℃，具有實際的運用效益。除了在低層建築物運用地溫的方式外，我們也將其導入到公寓，雖然溫度效益較低一些，但是可以運用在室內溫、濕度及空氣的調節。

LESSON 28
竹地板介紹

臺灣 RC 反潮的情形，使得室內裝修上地面大都鋪設地磚及石材，因而造成老人、小孩滑倒受傷等問題，還有冬季溫差變化大時的隆起爆裂問題，因此適當的樓板構造及樓板構材方式是相當重要的。

竹子的成長速度快，是很好的自然素材，除了可以編織為家用生活器物外，也可以變成建築構造用料。基本上，竹子本身有醣分，易滋生白蟻，因此一般會以碳化或是水煮的方式來處理。

竹子本身由單向纖維所組成，若不切面則本身筒狀組成，會具有管狀結構的特性，切面之後經由膠合材料結合後，則可以組成片狀的板料，若再交疊組合則可以產生低變形量、低伸縮量的面板，可以運用在地板或裝飾板方面。

竹子表面硬度高，具有良好的耐磨特性，所以相較於檜木、杉木易於維護，價格相對便宜，膠合加工產品在甲醛等揮發物質含量也相對減少很多，是一種非常適合運用於臺灣潮濕氣候的裝修構材。圖片中的二種顏色，深色是碳化加工，淺色是水煮加工。

LESSON 29
無毒實木裝修介紹

臺灣高山原木樹齡高、直徑寬、油脂多、質密、硬度高、香氣濃，是木構造及家具物件等最佳的素材。然而高山原木早年被日本盜伐，加上禁採多年，坊間原料並不多，而臺灣經濟林則期間尚短，且因山林地形陡峭，所以樹型主幹通常彎曲，並不適合作為木造建築梁柱，因此臺灣木料大都仍需從外地進口。

木料的防腐、防蟲及飾面處理技術多元，雖然可以經由物理性及化學性的處理來提高某些性能，但相對地，如果處理方式不正確，就很容易影響到居住的健康，畢竟我們喜歡使用木器或木造，木頭由纖維組成，相對親膚溫和，因而貼近我們的日常起居。

為了提高防潮、防蟲、防火、耐燃或是表面硬度，許多木料是透過藥劑來處理，雖然物件美觀卻多含甲醛這方面的問題。我們在研究健康宅的發展過程中，因為臺灣白蟻相對其他地區來得強悍，因此不發展純木構造或是將木料物件用在室外裝飾；但對於室內門窗、樓梯構件或是窗飾面板、地板等，則主張應該多加使用，同時我們也強調二個原則，一是主要建築構造牆板等應該是無機質，不會結露、反潮這樣的體質，其二則是這些木料來源及處理應確保無毒，我們為了發展七代防災健康宅，第一部分由我們自身研發達成，第二部分則是與日本棟匠木業合作，以較經濟的方式導入室內無毒實木裝修。

AGS1 健康室內裝修重點

1. 無毒裝修
2. 通風換氣機制
3. 溫溼度調控與節能
4. 窗框窗簾斷熱處理
5. 空間收納運用
6. 防潮儲藏室設計
7. 開放式櫥櫃設計
8. 透明置物箱的運用
9. 壁紙運用
10. 飲水機、熱泵等設備

11. 適度的智慧宅處理
12. 浴廁無磁磚裝修
13. 通道防蟲燈
14. 無障礙環境
15. 空間節能區劃
16. 空氣品質耗能
17. 防潮建材
18. 全實木裝修、
    置物拖板的設計整合
19. 輕鋼架天花

20. 實木地板
21. 居家運動空間處理
22. 心靈空間角落設計
23. 工作室空間的處理
24. 暖爐與溫室的處理
25. 藝術品、生活品擺置
26. 可視化盆景綠化處理
27. 天花、窗框、踢腳線板
28. 一樓可拆式地板
    避震器、木炭吸濕

蝸牛住宅與斑馬公寓

LESSON 30
PB 管路

臺灣住宅給水冷水一般為 PVC 塑膠管，熱水則為不鏽鋼金屬管，經常出現的問題有幾個部分，PVC 管路的接管方式，在耐用性來說，接管位置較容易因質變而產生脫落漏水，接頭位置有厚薄變化，容易積垢，管路產生熱量流失或受凍結冰，緊靠壁體易傳遞水錘聲，水流量的不穩定，還有埋設在壁體的維修變更問題，而最容易產生維護問題的是與落水頭銜接位置的品質。

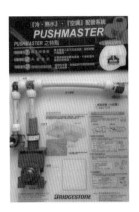

在日本 PB（聚丁烯）管配管方式約佔使用比率的八成，一般會搭配 CD 外管，多個出水的管路組合方式也是有不同的方式，在水龍頭配件及接頭的品質方面及處理也相對較為理想。

一般人比較不重視基本的水電配管品質，但是住宅的使用維護問題往往是出現在這些不起眼的小地方上，現在低劣的產品充斥市面，雖然因為材料仍要進口，加工也不是一般工班會施作，造成費用上仍有一段落差，但是預算上若還可以，給水管路或空調管路還是多加重視比較好。

LESSON 31
排風扇

臺灣地區的氣候月平均氣溫在 18-28℃，是一個溫度非常理想的地區，然而問題出在月平均相對濕度在 71-84%，造成我們的月平均體感溫度值約 10-35℃，而具對身體危害的相對體感溫度值則落在 -4℃的低溫及 52℃的高溫。

體感溫度的主要影響因子，除了溫度、溼度外，還有風速。夏天家裡開電風扇吹，這樣能降低體感溫度，這是個簡單的生活經驗，所以幾乎家家都會有電風扇，但是一般人比較不懂得房間的換氣需要，甚至會認為有開窗就能通風換氣，其實這樣是不夠的，因為外氣風壓若不夠大，不能擾動室內空氣，況且一般房間窗戶與室內之間的數量和位置，大都無法形成空氣流動的條件。

夏天時，室內換氣可以導入較舒適溫、濕度的新鮮空氣，這樣也可以提高舒適度並達到節能；冬天時，房間大都緊閉，此時保溫與換氣之間是衝突的，那麼該如何處理呢？

臺灣現代居室多半依靠變頻空調機，這樣的方式只能改變溫、濕度卻不能有效地處理換氣，部分民眾則會再添增全熱交換機系統，雖然可以改善室內空氣品質，但是系統必須整個啟動運作才行，我的觀點是肺炎疫情及 PM2.5 空污，帶給我們的思考是居室空氣品質應以一次性空氣為宜，那麼新鮮溫、濕度適宜的空氣如何取得？這是現代健康建築的課題之一，這需要整個建築構造與空調系統的檢討。

蝸牛住宅與斑馬公寓

在一般民眾現有的居住環境或是無法整個系統調整時，其實在居室中自行整理出一個換氣方式，是較容易達成的事情：在居室的外側，找一個離窗戶最遠的位置，安裝低噪音、低耗能的排風扇，因為被動式的換氣基本上無法解決問題，而主動式的換氣對流才是解決之道，其實要能做到低噪音真的不容易，需要電源、出風口及防風雨罩，並建立一個正確的氣流路徑，這樣便能夠改善居室空氣品質的大部分問題。

LESSON 32
空氣品質檢測器

關於室內環境是否健康，以往我們只能依靠身體的感受來反應，現在則可經由一些檢測器來加以測量及監控，在空氣品質方面，在 3C 物聯網等電子產品還有 AI 的快速發展整合，居室環境的調控系統已有了相當程度的

空氣品質檢測器（欣寶智慧環境）

發展。而隨著這些環境監控及大數據的運用，輔助環境掌握調控的觀念及技術，被認為是未來住宅的必然且可及的領域，在多數人還沒能有完善的系統來使用時，建立相關的觀念或了解產品，甚至運用一些經濟便利的設備，來掌握自己的居家生活環境狀況，輔助生活使用的調整，這是一般民眾甚至是空間環境設計施工者可加以參考的。

簡易的空氣品質檢測器，大約四千元就可以買到，且方便攜帶使用，也不需要什麼使用訓練及維護，而國內發展的檢測器，品質良好、性能強、設計美觀，使用介面人性化，且可擴充檢測設備，並與智慧系統整合，規劃、設計、施工、設備、維護、整合完善，對於生活品質有很好的幫助。

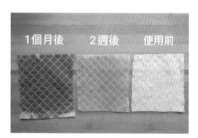

空氣過濾網

以下是擷取相關的空氣品質知識給大家參考：

室內環境一般泛指辦公室、電影院、餐廳、百貨公司、醫院，乃至車、船、

蝸牛住宅與斑馬公寓

飛機等密閉或半密閉空間，現今的大樓建築設計為了杜絕室外空氣污染和噪音問題，多使用中央空調，約有 80-90% 的空調設計為室內空氣循環再利用，使得室內空氣換氣率不足；在這種通風不良情形下，嚴重者可能成為「病態建築」（Sick Building），造成污染物累積，不僅影響室內空氣品質（Indoor Air Quality, IAQ），更可能造成所謂的「病態建築症候群」（Sick Building Syndrome），導致室內人員身體出現不適症狀。

依據近幾年研究顯示，國內一般室內空氣品質，較嚴重之問題點主要有：
一、公共場所室內空間人員使用密度過高、空調設備設置不當及送風量不足等問題，造成通風換氣不良導致二氧化碳（CO_2）偏高。
二、由於國內室內空間大多過度裝修，倘其裝修材料、塗料等具易揮發性有機溶劑，加以建築通風換氣功能不良，將導致室內揮發性污染物質濃度增高，特別是甲醛（HCHO）與揮發性有機物（TVOC）之濃度。
三、臺灣地處亞熱帶海島型氣候，年平均相對濕度多達 80% 以上，因此外在環境形成易滋生生物性污染物之溫床，有生物性污染物（細菌、真菌等）濃度普遍偏高的問題。引起室內空氣不良的原因皆來自於我們生活周遭，因此對於室內空氣品質的注重與維持是很重要的。

空氣污染物：室內空氣品質管理法所定義之室內空氣污染物，意指室內空氣中常態逸散，且以直接或間接妨害國民健康或生活環境的物質。目前環保署針對九大污染物管制，包含二氧化碳、一氧化碳、甲醛、揮發性有機化合物、細菌、真菌、粒徑小於 10 微米之懸浮微粒（PM10）、粒徑小於 2.5 微米之懸浮微粒（PM2.5）、臭氧。（資料來源：https://air.ksepb.gov.tw/Article/Detail/2）

空氣品質指標（Air Quality Index，簡稱 AQI），係行政院環保署依據在新竹市空氣品質監測資料，將當日空氣中臭氧（O^3）、細懸浮微粒（PM2.5）、懸浮微粒（PM10）、一氧化碳（CO）、二氧化硫（SO_2）及二氧化氮（NO_2）濃度等數值，以其對人體健康的影響程度，分別換算出不同污染物之副指標值，再以當日各副指標之最大值為該區域當日之空氣品質指標值（AQI）。

為讓民眾更容易分辨空氣品質良莠，特將空氣品質指標（AQI）分成六個等級，分別是良好、綠，指標值 0-50；普通、黃，指標值 51-100；對敏感族群不良、橘，指標值 101-150；對所有族群不良、紅，指標值 151-200；非常不良、紫，指標值 201-300；有害、褐紅色，指標值 301-500，這些顏色也成為各國小升空污旗的依據。（資料來源：https://www.hccepb.gov.tw/news-detail.php?Nid=2388）

LESSON 33
奈米防水粉

房屋的滲水或濕氣、結露就會對水泥製品產生壁癌、白華，所以相對地從飾材表面的情形，我們可以觀察到有沒有水氣存留的問題，在臺灣一方面長年濕度很高，另一方面水泥打底表面裂縫，受到颱風連續風壓及豪雨的衝擊，一般 RC 建築或多或少都有滲水及白華的困擾。

一般防水的處理方式，大都在表層塗佈防水漆或是外加一層面板來隔離，如果能確實分離水的接觸，砂漿虹吸行為確實被阻斷，那麼就能避免此情形；可是仍有很多地方卻無法被排除，如貼磁磚的外牆或濕式地磚、屋瓦施工下方、窗戶邊角、女兒牆、落水頭等，這些水泥砂漿都會熱脹冷縮，加上防水材料多為彈性材，會隨著長年日照逐漸老化，當產生裂縫後還是會產生問題。

從根源上來看，房子的建築設計如出簷、線板的配置設計，建築構造的體質要高斷熱，不會結露、反潮，加上不會產生結構性裂縫等，這些都是重要的基本面，正確的外飾材選擇及施工方式，例如屋瓦的乾式施工防水毯處理，再來就是水泥砂漿要如何降低吸水率及含水率，經過多年的開發經驗，在牆板打底、窗框塞填砂漿，還有重要位置的處理上添加天然趨水性的奈米天然石粉，將砂漿毛細孔堵塞阻斷其虹吸行為的發生，這是一種效率很高的防水方式，因為添加材料便宜、效果很好，從這個方式來強化房屋的整體防水、防潮，這是一個很重要的觀念，當然也要工地現場有確實地添加才是。

奈米防水粉的實驗

圖一是一般 1：3 水泥砂漿，左側是添加一份防水粉（外牆粉刷施工），右側是添加三份防水粉（窗框填縫或特殊防水位置），用相同的水量放在表面後（如圖二），經過十分鐘後（如圖三）觀察之間的差異，可以看出添加防水粉的排水效果很好，滲水量非常地少，尤其不同於一般彈性防水材會受到紫外線的影響而有變質、老化的情形，不會質變、永遠有效是其重要的特性。

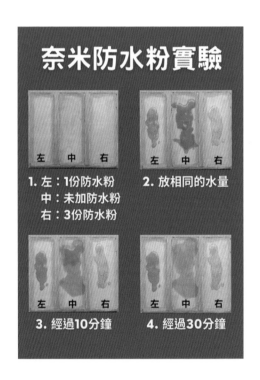

蝸牛住宅與斑馬公寓

3D 牆板的屋瓦施工

RC 構造斜屋頂蓋瓦，受颱風損壞或是滲水的情形在臺灣是常見的狀況，因為RC 屋頂模板灌漿，水泥坍度太低容易乾縮形成蜂窩，且需要一度打底修平，這個方式會產生局部過度乾縮產生蜂巢或類似冷縫現象，加上臺灣屋瓦施工大都是濕式工法，就是將屋瓦以水泥砂漿黏著再加鋼釘固定的方式，這樣的方式一來砂漿容易與構造層分離，颱風時容易掀起屋瓦，二來鋼釘熱脹冷縮後會撐大釘孔，強大風壓的水容易滲入積水。

3D 牆板系統面層的 4 公分防水砂漿是整體粉平完成，強度高、質密且含水率、吸水率低，加上面層沒有冷縫，以乾式施工方式將固定壓條經由防水毯產生水密性後，與底漿有效據裹，這樣具有較佳的抗風性，能讓固定螺絲保持乾燥，維持較久的使用期，也確保屋頂不會有滲水的問題。

當然屋瓦斜交位置在與屋突物、女兒牆或是屋頂平臺銜接位置的泛水處理，介面材料及一些填充砂漿的確實性也都非常重要，選擇具口碑好的責任施工廠商及施工是非常重要的。

LESSON 35
落水頭及陽臺泛水

研發新工法二十年，在樓板的處理上為了減重、減少梁深及避免反潮，我發展出了將 DEC 鋼承鈑崁放在 H 梁內，並且填充輕質混凝土與搭配點焊鋼筋網與砂漿面層，最上層再以自平水泥收尾的特殊樓板做法，其中在陽臺、廁所的地方，為了有效地構成整體的防水，在防水材料還有完整性，施工方式上，都需要確實地要求，尤其避免工人施工期間的損壞，此外在陽臺泛水口的配置上也需要留意，這樣才能避免在落水頭堵塞強降雨時的積水倒灌到室內的狀況。

另外一個心得是，臺灣在落水頭的施工細節上普遍不太重視，經常可以看到落水頭下方有滲水及白華的產生，為什麼呢？因為施工期間原有落水頭配管凸起處會造成積水，往往工人為了排水，就直接把管口打除，所以缺口並不平整，後頭處理防水的人也沒有再去修整就直接塗佈防水材，在砂漿面層熱脹冷縮後，防水層就會被尖銳的管口造成破損。

在輕質混凝土填充構造及防水層的維持這二個考量上，我們在落水頭的處理上，發展出雙套管的特殊施作方式，這樣落水頭的牢固還有防水層的保固，才能達成良好的結合性，雖然這只是一個小環節，不過卻也是經過了許多的問題，為了解決需要而建立的方式。

蝸牛住宅與斑馬公寓

理念的傳播：
劉建築師的雜誌文章及媒體報導

LESSON 36

《建築學報》之〈減法綠建築 AGS1〉

《建築學報》是國科會核定為 TSSCI（Taiwan Social Sciences Citation Index，臺灣社會科學引文索引）的刊物，2017 年 12 月 102 期增刊（建築設計作品專刊），第一篇刊登了我投稿的〈減法綠建築 AGS1〉這篇文章，內容是我提出了減法綠建築的設  計理念，並將這些理念確切地在雅緻七代防災健康宅 AGS1 落實的成果，包括了住宅產品、建築設計、結構、水電、裝修、建材、空調、景觀，裡頭也包含了幾個重要的專利技術，如綠能建築構造、防潮技術、防災建築結構、地溫空調換氣運用、窗戶斷熱處理、無毒建材裝修等觀念。

設計監造：陳正宏建築師事務所

業　　主：雅緻住宅事業股份有限公司

營造團隊：雅朋營造有限公司

主筆作者：劉志鵬 雅緻住宅事業股份有限公司董事長／劉志鵬建築師事務所負責人／
　　　　　臺灣減法綠建築發展協會理事長／國立臺北科技大學設計學院博士
　　　　　候選人

　　　　　周鼎金 國立臺北科技大學設計學院教授

　　　　　楊娟娟 國立政治大學商學院國際經營與貿易學系博士生

建築資料：基地位於桃園市龍潭區渴望一路 158 巷 38 號。地上三層，構造：鋼骨造。

　　　　　基地面積／ 232 ㎡（AGS1）／ 2812 ㎡（全部）建築面積／

　　　　　82.28 ㎡（AGS1）／ 448.58 ㎡（第一期）

　　　　　總樓地板面積／ 233.89 ㎡（AGS1）／ 1256.12 ㎡（第一期）。

　　　　　工程造價 1,200 萬元，施工時間 2015 ／ 05 ～ 2017 ／ 05。

緣起與目的

雖然只是一棟「販厝」，但從結構、裝修到空調，十六年的演化，解決了臺灣地震、颱風及潮濕氣候問題，AGS1 以「減法綠建築」的概念實踐了平實而非凡的平民住宅。

一、設計理念／理論

全球氣候變遷及能源短缺，提高居室舒適，減少氣候影響能耗，是亟需關注的內容，綠建築構造發展上，著重在減重、減碳、節能方面；就臺灣的鋼筋混凝土建築結構占了總量 95% 以上，人均水泥用量居世界第二，顯示已過度使用水泥及濫採砂石的嚴重問題。另臺灣地區氣候特性屬熱濕型，鋼筋混凝土構造的高熱傳透率及高熱質量，加上過度裝修，造成居室夏天悶熱、冬天濕冷，易產生結露、壁癌的病態建築環境，這對臺灣民眾的身體健康影響很大；且就鋼筋混凝土建築構造其生命週期中，高碳排放量、居住耗能及舒適性差等問題來說，實有改變鋼筋混凝土建築構造方式的必要。

從臺灣地域性及自然環境氣候思考，擬以「減法綠建築」註 1 概念，建構安全、健康、舒適、節能效益的綠建築，以減少鋼筋混凝土建築構造；「減法綠建築」Simplified Green Buildings，是延伸綠建築思維，從地域性自然環境氣候來切入，以「Less is More」的哲學，檢視企業產品主導的過度綠建築設計，就建築的環境、構造、建材、生活、裝修，採必要性、永續性及被動式設計為主的綠建築概念。

「減法綠建築」AGS1註2 的設計理念，在於解決臺灣民生住宅的基本問題；在俗稱「販厝」的建案基地區塊、座向、配置諸多限制下，處理氣候特性、營建條件、建築構材、法規、市場機制、民居生活，不作過度設計的主張，將空間的質性賦予使用者來經營，專業設計則著眼於本質問題的處理，包括：「回應『販厝』市場機制、臺灣氣候特性，基地微氣候狀態的建築外觀與中介空間構架，經營家庭成員良好互動的空間規劃，家的空間氛圍，具防震、低碳排放的結構系統，低耗能、地溫綠能的構造系統，健康、舒適的空氣品質，易使用維護的儲藏空間設計及貼心溫馨的室裝處理，房間舒眠的設計，戶外景觀設計」，建構一個以「減法」概念出發的綠好宅。

二、設計議題／問題研究

就「加與減的設計觀」這個議題上，林憲德教授在《減法綠建築》一書的序文註3「沒錯，『減法綠建築』正中我心，因為市面上太多的『加法綠建築』危害社會已深，這種充滿物慾、貪婪的『偽綠建築』，只會加速地球滅亡而已，『減法綠建築』正是針對綠建築思潮撥亂反正的一支生力軍。」因為綠建築、綠建材標章的法制化推波助瀾，及民眾意識的建立，臺灣建商開發亦希望透過國家標章的加持來提高獲益，然而以「加」的方式，必須花費更多成本的支出，在高密度、高容積開發方式下置入昂貴的建材與設備，空間卻普遍缺乏自然、採光與通風、換氣，因而日本建築師平原英樹以「半放棄式住宅」形容臺灣住宅的環境品質，這可謂為「因加而失」。AGS1 係以師法傳統建築智慧及自然哲理，因地制宜的自然、採光、通風環境規劃，以柔克

剛的結構系統，適材適所的構材使用，減少不必要的構材、設備，
讓生活環境得以順應四季的變化來經營，這可謂為「以減而得」。
AGS1 的設計議題在於「以減法的概念，簡化及減量建築的構材、設
備、設施，讓居住者能與房子外在的氣候及房子本身的使用變化進行
對話，從生活智慧中來設計人與人、人與環境互動良好的綠好宅」。

註 1：「減法綠建築」，綠建築的思維為環保，理由朝向內斂的發展，而不是一昧地增加
　　　構材及設備來耗損地球資源，Simplify 英文字義為「簡」的意思，有去繁為簡，減
　　　少及內省的涵義，為臺灣劉志鵬建築師於 2015 年 6 月所定義。

註 2：「AGS1」，AG-house 雅緻住宅事業股份有限公司於 2014 年組成，在臺灣開發防災
　　　綠建築構造，在整合地溫綠能構造與健康無毒實木裝修後完成七代工法，首棟建築
　　　於 2016 年完成，命名為 AGS1，AG 為雅緻之意 A good house or A global house，S
　　　為 Snail 蝸牛之意（在臺灣無住宅者稱為無殼蝸牛，住者有其屋係雅緻住宅創立之
　　　理念）。在臺灣當下綠建築文化已經被扭曲成無謂的增加設備、增加建材來解決問
　　　題，「AGS1」則反向實踐「減法綠建築」的概念。

註 3：《減法綠建築》，推薦序 3，P.7-P.8（劉志鵬，2015）。

三、設計作品中對設計議題／問題研究的回應

1.「販厝」市場機制的回應

「販厝」的住宅建案，基地在出入通路及開發成本的限制下，大都成工整的小型區塊，在合照、建蔽率、容積率及退縮限制下，很難有自由的方位來配置建築，在有限的設計及營造預算下，須能以大眾期待的機能及需求為考量，並非是量身訂做的建築作品為訴求，「販厝」所代表的才是大多數民眾實質的居住品質；我們在「販厝」的框框中，經由鄰里約定來排除各戶間的圍籬，經由參與式營造來建立共同的空間與造型意象，整合各戶提供的部分自有土地，來營造人與人、人與自然和諧共存的社區環境，圖1為篤蒔綠家園全區透視圖，圖2為AGS1配置。

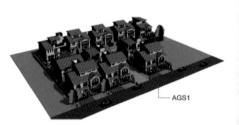

圖1　篤蒔綠家園全區透視圖

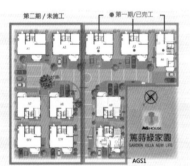

圖2　AGS1配置圖

2. 臺灣氣候特性的回應

臺灣地處亞熱帶季候區海島型氣候，相較高緯度的日本、韓國，年月均溫高低差小，相對濕度高低差也非常少，多處於高濕度的氣候特性，如圖 3，熱溼氣候是地球上最需空調的地區也是空調耗能密度最高的地區，需凹凸遮簷以利通風散熱（林憲德，2003）；臺灣西部平原的氣候常態為，冬季期間濕冷東北風與較為舒適的夏季西南風向，除南部夏天炎熱問題外，多數地區屬夏天悶熱、冬天濕冷的氣候，就西南向日曬遮陽及通風對流問題，室內防潮，壁體防水、防結露，中介空間運用及地溫運用，植生戶外環境，居室舒適溫溼度範圍，無毒裝修及窗戶斷熱處理等內容，如臺灣西部平原透天住宅「減法綠建築」模式運用的概念圖，如圖 4。

圖 3　臺灣年均相對濕度示意圖

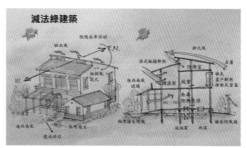

圖 4　減法綠建築模式運用概念圖

臺灣北部地區年平均濕度高達 81%，夏季室內溫度 28℃，濕度達 75% 時已屬悶熱，冬季室內溫度 16℃，相對濕度達 85% 時已屬濕冷；內政部建研所 TMY3 研究指出，室內熱舒適發生之頻率為 74%（何明錦，2013），臺灣北部全年度中溫度在 15℃ -28℃ 區間所占 75%（2154hr/8760hr）來說，室外空氣品質良好時，其外氣應可加以導入至室內來使用；就居室需有正確的溫溼度組合，複合建築外殼構造及一般窗戶開口，提高斷熱以減少熱得，避免過度的室內裝修，加上選擇透濕抵抗性較高的外殼材料，並進行適當的中介空氣換氣機制，尤其是夏季期間夜間外氣通風與玻璃散熱的運用，如此會是臺灣北部氣候條件下，最適切的綠建築環境模式，如圖 5。

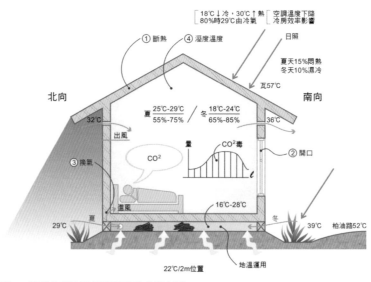

圖 5　臺灣北部地區舒適環境模式概念圖

3. 建築外觀與中介空間構架

基地正面臨六米道路，右側為社區私設六米通路，配合社區營造，提供 4 坪空地作為社區名牌意象及垃圾分類設施空間，基地面寬 14 公尺、深 10 公尺，扣除私設通路，共同持分面積 10 坪，自有土地面積約 60 坪，土地合計 70 坪，建築面寬 10.5 公尺、深 7.5 公尺，一層 31.5 坪，二層 31.5 坪，三層 27 坪，合計建築 90 坪，座東南朝西北；基地冬天東北季風溼冷強勁，夏天西南風和，因屬台地日夜天氣變化大，風強尤其潮濕，圖 6 為外觀透視圖，圖 7 為 AGS1 一層戶外景觀及各層平面示意圖。

圖 6　AGS1 正面及側面透視圖

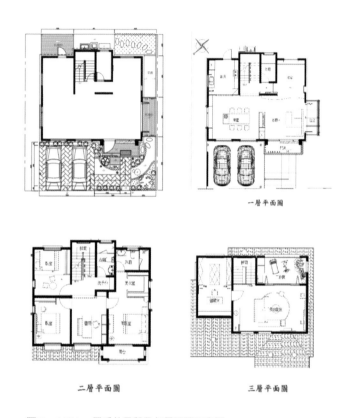

圖 7　AGS1 一層戶外景觀及各層平面示意圖

建築外觀（如圖 8）乃按業主要求，配合渴望園區歐式風格，以一樓落地拱窗、米黃色牆面，搭配斜頂紅瓦，斜頂出簷以保護牆面減少污損及滲水。受一層面積限制及陽臺規定不能落柱，外玄關（如圖 9）以塑化木及強化玻璃處理降低北側強風的影響，以塑化木製鞋櫃與坐檯，連結外玄關與戶外無障礙坡道。車庫、一樓客廳外側溫室棚架、廚房後側雨棚，以塑化木構成中介空間，調和日曬與雨淋。三樓陽臺朝西南側可眺望並避免東北強風影響使用，公共空間

蝸牛住宅與斑馬公寓

有 60% 的開窗率視野良好，房間部分均有一大一小窗，自然、採光、通風良好，北向部分以推射氣密窗減少濕冷風影響並引導氣流，廁所及梯間在南曬面容易維持乾燥且降低熱得，主臥房採光在西曬牆面開小窗，西北側陽臺為落地窗，客廳西曬落地窗以溫室棚架來遮陽調節減少熱得。

圖8　建築鳥瞰　　　　　　　　　　圖9　入口玄關

4. 經營家庭成員良好互動的空間規劃

臺灣住宅空間的組成大都以客廳、餐廳、廚房分開的公共空間為主架構，個人臥室則為次要的空間，近年來小家庭的結構比率大幅提高，現在則發展成客餐廚合一搭配，以臥室為主的小套房，較為強調個性化的個人空間，AGS1 的空間規劃在於提高家人間互動的比例與質性，客廳連結戶外玄關、電視儲藏櫃區隔客廳與餐廳之間，與和室（如圖 12）空間連結，經由全開型落地窗、紗窗、斷熱窗簾的使用連結花室陽臺（如圖 10、圖 11），可視需要調控為視野開闊感與溫馨穩定感的空間變化，且在夏天時可經由窗戶開口引入西南風，在清晨及傍晚時非常涼快舒適，就高齡者或幼

兒的活動與客人來訪的彈性使用。將輕食備餐作業移到餐廳，料理可由家庭成員來分擔，在餐桌可以搭配中島及臨時工作檯面形成多功能的工作室，可將親子、藝術、勞作、親朋聚會活動等餐廳空間來進行（如圖 13）。在書房（如圖 15）及多功能的空間部分則提供讀書、運動、養身、禪坐等使用（如圖 16），在儲藏及工作室部分，經由開架式的鐵架方式便於處理防潮殺菌儲藏及物品整理（如圖 17）。

圖 10　客廳窗簾開啟

圖 11　客廳窗簾關閉

圖 12　和室

圖 13　餐廳與廚房

圖 14　廚房

圖 15　書房

圖 16　多功能室

圖 17　三樓儲藏室

5. 家的空間氛圍

　　雖然沒有挑高或講究的空間變化，但是在戶外景觀、中介空間還有室內公用、房間，空間上層次分明，動線簡潔，空間感以黃金比區劃或相互交疊，視覺及空氣流暢，以白色牆體襯托實木溫馨為基調，房間佐以窗簾、壁紙、燈具的變化產生不同個性（如圖18-21），簡潔開放的窗臺板、櫥櫃，可以讓居住者呈現屬於個人家庭生活的面貌，營造出具溫馨感的家。窗戶開口考量私密性與室內外空間的關係，將斷熱實木窗框、檯面、線板、桌板、踢腳板、

架高床鋪、衣櫥間、小裝飾角、空調送風出口等整體創作設計，可以有良好的視野與產生最大的室內空間。

圖 18　主臥室

圖 19　主臥衣櫥間

圖 20　美式雅房

圖 21　日式雅房

6. 防震、低碳排放的結構系統

就地震水平力的大小是構造質量乘上加速度，從日本 NIED 獨立行政防災科學技術研究所進行六樓 RC 實體 1：1 的振動臺實驗，僅五秒鐘便從一樓柱梁接頭斷裂倒塌的實證來看，RC 結構並不耐強震。AGS1 為 AG-LSRC 工法註4，雅緻創新結構系統如圖 22，雅緻

蝸牛住宅與斑馬公寓

創新複合構造示意如圖 23。構造重量為 RC 的 1/3，如圖 24，減震基礎，SN 籠型鋼構架，3D 輕質斷熱牆體，具防震、防颱、防火、防蟻性能，利用排放係數法（精算法）估算 AGS1 複合建築構造較鋼筋混凝土建築構造之碳足跡及其各階段總碳排放量，含與不含四十年日常使用時，各分別減少 30.7% 及 43%，如圖 25（劉志鵬，2017），構造工法易於工管、備料、品管且施工快速，減少工種及職災，雅緻創新複合構造結構施工，如圖 26。

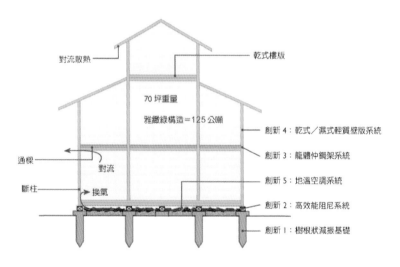

圖 22　雅緻創新結構系統示意圖

註 4：AG-LSRC，「雅緻輕質鋼骨混凝土構造工法」為劉志鵬在 2000-2012 年期間所發明的創新建築構造工法，建築物在透過減震基礎、輕質牆板與籠型鋼架所組成，具防震、防颱、防火、防蟻的防災建築功能，其在綠色環保建築的發展貢獻，係相較臺灣 RC 建築構造，構造透過減重及基礎方式的調整，具防震能力的提升與減少水泥的使用，並在牆體及窗戶開口斷熱的提升後，達到節能減碳的具體功能。

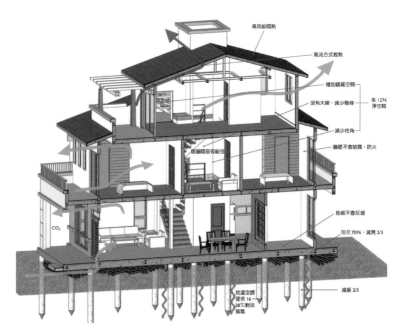

高效能隔熱
氣流方式散熱
增加儲藏空間
沒有大樑、減少階梯
多 12% 淨空間
減少柱角
繼壁不會結露、防火
版繼隔音效能佳
地板不會反潮
阻尼 70%、減震 2/3
CO_2
減震 2/3
地溫空調
提供 16～
28℃對流
換氣

圖 23　雅緻創新複合構造示意圖

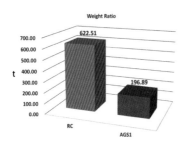

圖 24　AGS1 構造與 RC 構造重量對照

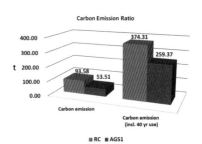

圖 25　AGS1 構造與 RC 構造碳排放量對照

圖 26　雅緻創新複合構造結構施工

7. 低耗能、地溫綠能的構造系統

　　AGS1 係以整合外殼及窗戶隔熱處理，地溫綠能運用及複合式通風設計之創新建築構造系統，在窗戶的斷熱處理方面，不同一般節能膜玻璃阻擋輻射的方式，該方式雖有助益於減少室內物品及牆面熱質量的累積，不過玻璃膠膜的溫度高達 50℃以上，如圖 27，會對室內持續透過傳導熱及對流熱加溫，對於室內的總熱得改善效益不高。AGS1 窗戶使用一般清玻璃搭配斷熱窗簾，如圖 28，清玻璃雖然不具斷熱能力，相對的也不會累積或封鎖能量，在反光與及不透氣的特性下，阻擋下的輻射熱很快地可以經由清玻璃及戶外氣溫、風等帶走熱能。此外在冬天時，當我們需要輻射熱能的時候，那麼清玻璃就不會阻擋掉輻射熱能，而且在無太陽輻射熱時，斷熱窗簾更能夠減少室內熱能的流失。

圖 27　節能玻璃

圖 28　斷熱窗簾

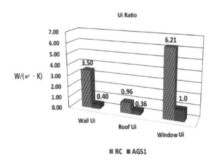

圖 29　AGS1 與 RC 構件之 Ui 對照表

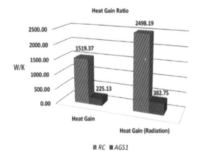

圖 30　AGS1 與 RC 熱得對照表

外牆構造隔熱性能之研究（何明錦，2014）太陽輻射可藉由等效溫差熱傳、透光部太陽輻射熱傳、熱滲透進入室內。等效溫差熱傳進入室內的熱可佔總熱得之 40%，攸關空調耗能甚巨。熱傳透係數（Overall Heat Transfer Coefficient，U 值）表示建築物外殼構造對於等效溫差熱傳的隔熱性能。利用總熱傳透值（OTTV, Overall Thermal Transfer Value）（Joseph et al., 2005）估計 AGS1 住宅之熱得研究成果來推估熱透率與熱輻射，對不同建築外殼與窗戶開口組合熱得之影響，只考慮熱傳導時，AGS1 住宅複合建築構造加 PS 板，為鋼筋混凝土建築構造一般屋頂一般窗的 14.8%，同時考慮熱傳導與熱輻射時，約為鋼筋混凝土構造一般窗的 15.32%，如圖 29、圖 30。當斷熱牆體搭配斷熱窗簾時，將有效的減少室內因太陽輻射熱或是氣溫而造成熱得，這樣室內物件及壁體就不至於會升溫，在使用空調時就不需去負擔傳統 RC 牆體的熱能。

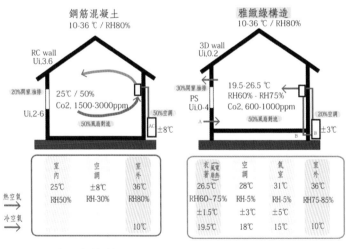

圖 31　居室環境的調整

就 AGS1 與 RC 居室環境構成的對照，圖 31 左側是臺灣一般住宅居室的空調方式，是在 RC 構造及一般窗戶的室內裡頭，以室外空調冷熱源機，提供冷熱源到室內機，進行無換氣的空氣清淨處理及溫、溼度調節，概念上是在溫、溼度不舒服的時候，將受室外氣候變化時的室內溫度調整為固定的恆溫方式。其問題為，空氣沒有換氣，過高濃度的二氧化碳及有害氣體沒有被排除，濕度通常偏低，空氣清淨構件及臭氧、不良負離子等設備污染而影響健康，恆溫的居室環境會弱化身體的免疫力，溫度調節需達正負 8℃以上，設備及能耗費用高。

AGS1 住宅構造，提出一個健康、節能，好的居室環境，必須要有高斷熱的外牆及窗戶開口，讓居室減少外部氣候的影響；透過被動式設計為主，主動式設計為輔的自然、採光、通風方式，且居室環境應該對應於區域的四季氣候，並保持在身體機能調節範圍內的狀態；將外部氣候透過被動式設計微調，再由主動式空調設備來處理，其中並將棉被或局部風扇、小電熱氣調節的方式，也納入在整個機制內，這樣在不良氣候時，依賴高耗能的空調設備時間及負荷都會降到最低（正負 3℃），如此才是正確的居室空調環境模式，如圖 32-38。

蝸牛住宅與斑馬公寓

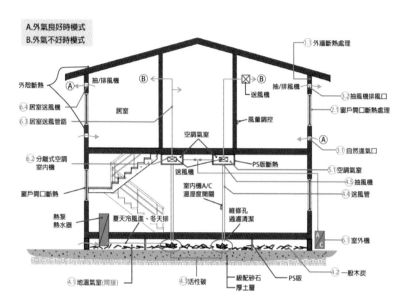

A.外氣良好時模式
B.外氣不好時模式

1.1 外牆斷熱處理

外殼斷熱
Ⓐ 抽/排風機 Ⓑ
6.4 居室送風機
6.3 居室送風管路
居室
Ⓑ 送風機
風量調控
抽/排風機
3.2 抽風機排風口
2.1 窗戶開口斷熱處理
Ⓐ
3.1 自然進氣口
空調氣室
6.2 分離式空調
室內機
送風機
PS版斷熱
5.1 空調氣室
4.5 抽風機
4.4 送風管
窗戶開口斷熱
室內機A/C
溫濕度開關
熱泵
熱水器
夏天冷風進、冬天排
維修孔
過濾清潔
A
C
6.1 室外機

4.1 地溫氣室(間接)
4.3 活性碳
一級配砂石
厚土層
PS版
4.2 一般木炭

圖 32　AGS1 構造示意

圖 33　通風換氣

圖 34　地面進氣口

圖 35　通風換氣口

圖 36　活性碳更換口

圖 37　空調氣室

圖 38　房間換氣機制

地冷空調應用於建築節能之可行性研究（廖慧燕，2015）成果指出「地下一定深度之土壤，其溫度年波動很小，可視為恆定，理論上而言，可以用來輔助建築物實現暖房或冷房，降低建築空調能耗。臺灣平地之地表因為常年不會結冰，且地下一公尺深度的溫度，約維持在 12℃ -29℃ 之間，地下二公尺時更可維持在 15-26℃，可做為地溫綠能運用的可能。（日本地表年高低溫差達 27℃，地下一公尺深則差 18℃，地下 3 公尺則縮小為 9℃，所以日本住宅有多種運用地溫的綠能建築構造方式。）（蔡雲鵬、劉興盛，1990）；複合式通風應用於臺灣潛力分析之研究（黃瑞隆，2013）「複合式通風是一種以消耗最少能源獲得最大熱舒適性的建築通風與空調模式」。地溫綠能氣室是由建築構造所產生的被動式環境，建築基礎一層構造架高方式或經由建築配置、空間量體與季候風及日照陰影處理加上木炭、備長炭的組合，可以經由地溫、陰影，及傳導熱、對流熱方式來改變導入於綠能氣室的外氣溫、濕度來調節，當室內空調氣室送風時，透過被動式氣壓壓力平衡，導入綠能外氣並過濾及改變其溫、濕度，並經機械抽送到室內空調氣室加以運用。

「AGS1 住宅」之地溫綠能氣室相較於室外氣溫，夏冬季高低溫各達 6℃ 以上，具運用潛力，夏冬時室溫可減增 3.5℃，壁溫則減增約 3℃，冷暖房調節速率較 RC 快速（如圖 39）；AGS1 在夏冬季期間溫度調節負擔為 RC 的 27.11%，顯示「AGS1 住宅」綠能建築構造溫度調節效益良好，相較於 RC 構造呈冬暖夏涼之狀態，有助益於臺灣低耗能透天住宅發展之運用。

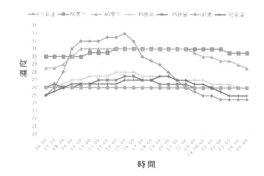

圖 39 AGS1 夏季溫度量測

8. 防潮及健康、舒適的空氣品質

在密閉的建築物內，如果室內通氣量不足時，污染物容易蓄積而導致室內空氣品質的惡化；世界衛生組織（WHO）於 1982 年將病態建築症候群定義為「凡因建築物內空氣污染導致人體異常症狀，如神經毒症狀（含眼、鼻、喉頭感到刺激等）、不好的味道、氣喘發作等。」國人每人每天約有 80-90% 的時間處於室內環境中（包括在住家、辦公室或其他建築物內），室內空氣品質的良窳，直接影響工作品質及效率，因此室內空氣污染物對人體健康影響應當受到重視。臺灣地處亞熱帶，屬於長年潮濕高溫的氣候型態，黴菌及細菌尤其容易滋生，因此必須更注意空調通風系統的定期維護。

AGS1 在防潮及健康、舒適的空氣品質方面，牆板以 3D 高斷熱牆板及 EPS 輕質混凝土為基材，因具不易結露、反潮的特性，實木地板可以直鋪以漂浮式工法來施工，所以裝修構材就不必去使用夾板、貼皮或有毒的黏著材料，牆面可以黏貼壁紙不易發霉。AGS1 為健康無毒實木裝修，使用含水率 13% 以下，天然乾燥處理的無毒實木，有助益於防白蟻並且抗潮濕，微調居室溫溼度的功能，

讓居室更加舒適。室內管路以明管施工為主，並搭配礦纖吸音天花板以利管路維護更新。AGS1 完成裝修一周後於 2017 年 5 月 25 日，經臺北科技大學健康環境研究室檢測結果均達合格狀態，如圖 40。

檢測點3-一樓客廳

現況照片

▲儀器量測位置

委託者單位：雅緻住宅事業股份有限公司
技術服務名稱：萬薪綠家園室內空氣品質檢測案

報　告　內　容

檢測地點：一樓客廳　　　　執行單位：臺北科技大學健康環境研究室&實驗室
檢測時間：106/5/25 16:45～17:45 檢測人員：樊冠緯、楊坤潔
檢測方式：簡易直讀式測定儀法
檢測編號：3

編號	項目	單位	一小時檢驗平均值	標準值/建議值	判定結果	備註
1	溫度	℃	26.8	17～28		建議值
2	相對濕度	%	68.4	40～70		建議值
3	一氧化碳	ppm	0.56	9	合格	
4	二氧化碳	ppm	526	1000	合格	
5	臭氧	ppm	0.01	0.06	合格	
6	懸浮微粒(PM₁₀)	μg/m³	24	75	合格	
7	懸浮微粒(PM₂.₅)	μg/m³	1	35	合格	
8	甲醛	ppm	0.03	0.08	合格	
9	TVOC	ppm	0.53	0.56	合格	17:30開窗

HELS 健康環境研究室&實驗室 HEALTHE ENVIRON. LAB & STUDIO

圖40　AGS1室內空氣品質檢測

9. 易使用維護的儲藏空間設計及貼心溫馨的室裝處理

居家成員盡量將部分活動移到公共空間，個人房間以舒眠為主，房間的衣櫥及桌椅以占最小面積及方便常態生活用品及當季衣物使用，並且以開架存放的方式來創造最大的室內空間，好整理又可避免產生空氣停滯的死角，滋生蚊蟲與藏污納垢。浴廁以 FRP 整體防水處理，避免黏貼磁磚熱脹冷縮造成防水層破損後產生滲水問

題，並且以乾濕分離方式減少水的影響範圍，飾材部分以防水塑木搭配實木裝修提高空間舒適。

10. 房間舒眠的設計

現代人精神壓力重，在睡眠品質方面至為重要，在溫溼度、聲音、光線、空氣品質都需要注意，尤其幾個要因彼此間也會有所衝突，就算全面依賴設備，讓人體長期在穩定環境，如恆溫、完全遮光、靜音、無塵、高氧的狀態中生活，對人體而言也未必是好的方式，因為人體是會移動到不同環境中睡眠，若不能適應其他環境時，也必然會造成身體上的不舒適。此外人們因為室外環境不能全然控制，所以在私密性、噪音及外氣候的影響下，夜間睡眠時窗戶多須維持緊閉的情形，而窗簾遮光則盡量讓室內不受清晨日照的影響，如果要控制溫濕度及換氣，就需要仰賴機械運作，而機械運作又會產生噪音，因此睡眠環境的設計必須加以整合。

AGS1 的居室環境設計，避免居住者過度依賴空調環境，且提升交感神經在四季環境變化時的調適能力，以可達到舒適而不過度的觀念來處理，在遮陽板、斷熱牆體及斷熱窗簾，還有地溫、木炭的綠能換氣下，使居室維持溫度 17-29℃、相對濕度在 65-85％之間，經由風扇、電熱扇、濕毛巾、地板、壁紙等，調整增減 1℃及 5％，經由負載減量的空調調整增減 2℃及 10％，光線留有小夜燈，聲音有靜音風扇噪音值（30 分貝以下）的背景音，空間氣流無死角，二氧化碳濃度低於 1,000ppm，懸浮微粒 PM10 要低於 75 $\mu g/m^3$，這樣夏天時皮膚感覺微熱出點汗，冬天微寒著長袖，呼吸感保持微

潤，沒有噪音也不至於容易受驚嚇，或是夜間因輕微他人活動而干擾，夜間微光有安全感，睡眠氧氣充足不會疲憊。

11. 景觀設計

正面右側提供 4 坪空地配合社區入口處理造景及公用設施，正面車庫及廚房後面工作間棚架，配合二期工程施作，室內與道路高差約 55 公分，以坡道連結車庫與外玄關，左側空地朝西南向陽光充足作為菜圃使用，正面右側利用高低差處理白玉石乾式流水造景，以白色白玉石為景觀整合的主調，來連結塑木與植栽花草，白玉石鋪設的乾式流水與深色陶製水甕構成環境調性，玄關處理簡潔的坐檯及鞋架，客廳外推陽臺以塑木棚架遮陽外周邊處理紗窗，處理成溫室，加上製濕機的使用可以調節客廳溫度、風及濕度，亦可以加大客廳空間感，如圖 41。

圖 41　入口景觀

四、設計作品／成果（必須輔可讀性高之圖像及 3D 影像）

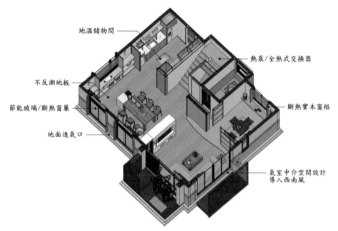

地溫儲物間

熱泵/全熱式交換器

不反潮地板

節能玻璃/斷熱窗簾

斷熱實木窗框

地面進氣口

臥室中介空間設計
導入西南風

圖 42　一層平面透視圖

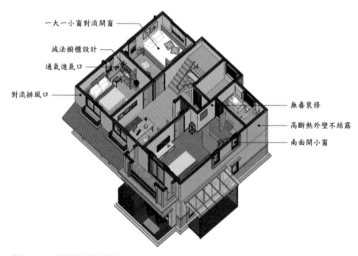

一大一小窗對流開窗

減法櫥櫃設計

通氣進氣口

對流排風口

無毒裝修

高斷熱外壁不結露

南面開小窗

圖 43　二層平面透視圖

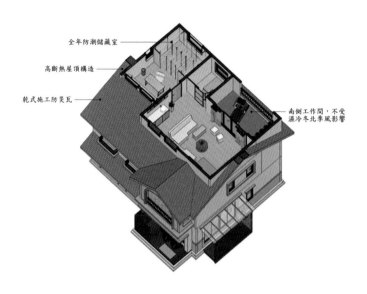

全年防潮儲藏室
高斷熱屋頂構造
乾式施工防災瓦
南側工作間，不受濕冷冬北季風影響

圖 44　三層平面透視圖

五、基本資料

1. 案名地址
　篤蒔綠家園／桃園市龍潭區渴望一路 158 巷 38 號

2. 主要參與者／團隊成員分工說明及主要參與貢獻
　綠能構造指導／周鼎金教授、邵文政副教授、彭光輝教授
　投資開發／雅緻住宅事業
　建設業務、設計理念、建築結構、構造、室裝、景觀、空調／劉志鵬建築師
　建築師業務／陳正宏建築師
　營造業務／黃智苗建築師

建築繪圖／陳信煌設計師
室內裝修／陸昀萱設計師
工程業務／游玉如工程師、謝世豪工程師、劉邦龍工程師
《健康宅在臺灣》出版編輯／楊娟娟（雅緻住宅事業副總經理）

3. 建築
土地 72 坪／建築 90 坪／一樓 31.5 坪（客廳、餐廳、廚房、和室、
公用廁所、儲藏室、露臺）／二樓 31.5 坪（主臥、套房、雅房二間、
書房、公用廁所、陽臺、花臺）／三樓 27 坪（儲藏及工作室、陽臺、
多功能室、屋突水箱間）
總重 280t（RC 約 800t）／避震器 40 組／ SN 籠型鋼構骨架／ 3D
斷熱防潮牆體

六、參考文獻

1. 何明錦等，我國近零能源建築設計與技術可行性研究，內政部建築
研究所研究報告，新北市：內政部建築研究所，2015。
2. 何明錦、黃國昌等，臺灣建築能源模擬解析用逐時標準氣象資料
TMY3 之建置與研究，內政部建築研究所研究報告，新北市：內政
部建築研究所，2013。
3. 何明錦、林沂品、賴啟銘等，外牆構造隔熱性能之研究，內政部建
築研究所研究報告，新北市：內政部建築研究所，2014。
4. 林子平、黃瑞隆等，建築外牆隔熱及蓄熱效果對室內環境溫度影響
之探討，新北市：內政部建築研究所，2014。

5. 廖慧燕、林憲德、林子平等，地冷空調應用於建築節能之可行性研究，新北市：內政部建築研究所，2015。

6. 黃瑞隆、黃國倉、翁埔騰、莊鎧韓、劉承翰，自然通風與室內熱環境之實證研究，新北市：內政部建築研究所，2013。

7. 黃瑞隆、黃國倉、施文玟，複合式通風應用於臺灣潛力分析之研究，新北市：內政部建築研究所，2013。

8. 江哲銘等，室內環境品質診斷及改善技術指引，新北市：內政部建築研究所，2012。

9. 林憲德，熱溼氣候的綠色建築，臺北市：詹氏圖書公司，2003。

10. 劉志鵬，愛・幸福綠好宅，臺北市：新自然主義，2012。

11. 劉志鵬，減法綠建築，臺中市：白象出版社，2015。

12. 謝恩倉，節能建築複層外殼材料之隔熱效率與經濟性之研究，國立臺灣大學，2007。

13. 陳文遠，宜蘭氣候條件下不同外牆構造之住宅室內溫熱環境實測解析，國立宜蘭大學建築及永續規劃研究所，宜蘭縣，碩士論文，2013。

14. 汪孟欣，住宅建築利用緩衝空間達成之空調省電及其照明耗電之比較 — 以臺大綠房子為例，國立臺灣大學生農學院生物環境系統工程學研究所，臺北市，碩士論文，2009。

15. 劉志鵬，宜蘭氣候條件下綠建築環境構成方式初探 — 以鋼筋混凝土建築構造與複合建築構造之外殼與窗戶組合方式在減碳及熱得之比較。國立宜蘭大學工學院，宜蘭縣。碩士論文，2013。

16. 蔡雲鵬、劉勝興，屏東縣：臺灣香蕉研究所，1990。

17. 許俊民，剖析零碳建築對建築創新與環保設計的意義，香港大學，2012。

18. 劉志鵬，發明專利文稿。建築綠能構造，桃園市：雅緻住宅事業股份有限公司，2017。

LESSON 37

《綠建築》雜誌之〈AGS1 健康好宅實踐家 — 許一個與陽光、空氣、水共融的居家環境〉

臺灣的《綠建築》雜誌 2018 年四、五月刊（第 52 期），主題是介紹「健康住宅」，採訪了臺北科技大學建築系系主任邵文政教授，以〈建築長壽人長生〉來述明健康建築的意義，對健康建築的定義、概念與病態建築有具體的講述。該期介紹了臺灣、美國、德國、日本、越南等健康建築案例，而首例就是雅緻七代防災健康宅 AGS1，內文中也介紹了雅緻特有的地溫空調機制與雅緻健康宅指標。

LESSON 38

大愛《經典雜誌》之〈健康家園〉

2019 年三月號大愛《經典雜誌》專題〈健康家園〉，從臺灣人均壽命相較日本要來得短，來探究臺灣住宅環境病態建築的狀態，其中相當比例介紹了本人在臺灣住宅問題及健康建築的觀念，也透過圖片及大愛經典 TV 的採訪，介紹了雅緻七代防災健康宅 AGS1，尤其著重在地溫空調換氣機制的介紹。

掃描 QR Code
看更多 ⟶

《建築嘉義》邀稿〈南臺灣房屋的消暑與解熱，「減法綠建築」正確隔熱觀念〉

2019 年三月應嘉義市不動產開發商業同業公會，到訪雅緻住宅事業之後，邀請提供專文，〈南臺灣房屋的消暑與解熱，「減法綠建築」正確隔熱觀念〉，提供了雅緻七代宅在建築減少熱得及以地溫通風換氣機制來減少夏天冷房能耗的方法。

《臺南建築》邀稿〈臺灣防潮濕建築〉

2019 年四月應臺南市不動產開發商業同業公會，到訪雅緻住宅事業之後，邀請我提供專文刊登；大多數人知道臺灣南部氣候炎熱，但不知道臺灣南部的年均相對濕度仍高達 76%，因此除了 2019 年三月我在嘉義市不動產開發商業同業公會專刊所寫的〈南臺灣房屋的消暑與解熱，「減法綠建築」正確隔熱觀念〉，同時則以「臺灣防潮濕建築」為題，提供臺灣熱溼氣候的建築處理方法給大家參考。

掃描 QR Code
看更多 ⟶

LESSON 41

《桃園建築》專欄（一）之
〈「健康宅」不僅是新寵更是唯一選擇〉

2019 年應桃園市不動產開發商業同業公會的邀請，提供四篇專題報導的內容，第一篇〈「健康宅」不僅是新寵更是唯一選擇〉，是介紹健康宅的相關概念給公會業者，臺灣住宅總量已供過於求，新建物的餘屋風險已大幅提高，傳統 RC 建築產品的市場應該導入以健康為主軸的產品方向，臺灣在健康宅的起步相較於日本晚多年，內文介紹病態建築觀念及雅緻健康宅指標。

LESSON 42

《桃園建築》專欄（二）之
〈論臺灣住宅建築構造的發展方向〉

2019 年應桃園市不動產開發商業同業公會的邀請，提供四篇專題報導的內容，第二篇〈論臺灣住宅建築構造的發展方向〉，是本人針對臺灣營造及氣候條件，歷經三十年的觀察研究所提出的論述。

掃描 QR Code
看更多 ⟶

蝸牛住宅與斑馬公寓

LESSON 43

《桃園建築》專欄（三）之
〈「綠健築新思維」— 多不如少，對才是重點〉

2019 年應桃園市不動產開發商業同業公會的邀請，提供四篇專題報導的
內容，第三篇〈「綠健築新思維」 — 多不如少，對才是重點〉，是本人
針對綠建築的概念，傳達成功大學江哲銘教授一生將永續建築環境與建築
醫學的研究理念，並且提倡「減法綠建築」的新思維，希望對臺灣住宅環
境過度依賴所謂的綠能設備問題，還有錯誤的節能窗使用，以及過度設
計、過度裝修等問題有所省思。

LESSON 44

《桃園建築》專欄（四）之
〈論「臺灣智慧、防災、健康宅」的構造關鍵〉

2019 年應桃園市不動產開發商業同業公會的邀請，提供四篇專題報導的
內容，第四篇〈論「臺灣智慧、防災、健康宅」的構造關鍵〉，是本人對
臺灣未來智慧防災健康建築的發展，提出正確的構造載體是最基本的關
鍵，因為臺灣住宅產業長期受制於 RC 建築構造的框架，所以在建築構造
方面除非有所突破，否則將會停滯不前，本篇短論與大家分享近二十年研
發的成果。

掃描 QR Code
看更多 ——→

LESSON 45
《綠建築》雜誌《食衣住行綠建築》
專刊邀稿〈篤蒔綠家園〉

應台灣建築報導雜誌社邀稿,專文刊登於《綠建築》雜誌 2021 年一月《食衣住行綠建築》專刊,該專刊介紹全球包含食、衣、住、行、育、樂、工作、醫療八大領域之綠建築作品,其中「住」的單元,即刊登雅緻住宅事業團隊以減法綠建築的設計理念,發展臺灣防災綠建築構造,並落實於雅緻七代防災健康宅 AGS1 的成果。

掃描 QR Code
看更多 ⟶

LESSON 46
劉志鵬建築師綠能建築構造
相關研究論文摘要

※ 綠能建築構造研發及實測分析（臺北科技大學設計學院設計博士班博士論文）

關鍵詞：綠能建築構造、低耗能建築、健康建築、減法綠建築

臺灣地處海島型亞熱帶氣候區，常年溫、濕度變化小但濕度高，臺灣混凝土相關構造物，占新建物 84.1%，然一般鋼筋混凝土牆板及窗戶平板玻璃U值偏高，因此居室環境易受外部氣候變化而影響，夏天悶熱、冬天濕冷，空調能耗高。構材則因結露、反潮現象而受潮質變，未妥適處理換氣及過度不良裝修則形成病態建築環境，就發展因地制宜適切的低耗能、健康建築，是一重要的課題；AG 建築構造係以減震基礎系統，上置 SN 鋼構骨架及輕質壁、板體的創新建築構造工法，摩擦樁上置阻尼器架高一樓樓板，下面舖設砂石及木炭的基礎構造方式，在樓板與地表間產生氣室，周邊外氣經由進氣口進入氣室後，透過地溫及木炭來調節溫濕度，外牆則為外側高斷熱、內側高蓄熱之 3D 斷熱牆所構成，構造特性異於一般混凝土構造。

本技術研發動機，AG 建築構造雖具外牆高斷熱特性，但居室溫度相較於混凝土牆或磚牆並未呈現良好的情形，因而產生探究提高窗戶開口斷熱及室內壁體蓄熱方式是否有助於室溫調節的想法！此外，在室內空氣品質及濕冷氣候時之居室濕度，能否經由地溫換氣與建築構造體的構材組合方式來調節？本技術研發希望透過標的物所在的氣候環境作用，實測分析以釐清問題並提出良好的解決技術。

本研發成果提出「綠能建築構造」發明，相較於鋼筋混凝土構造，量測期間研發標的在經斷熱窗簾及地溫換氣調控時，居室冬季室溫高 3.5℃、壁溫高 3℃以上，夏季室溫低 3.5℃、壁溫低 3℃以上，有空調冷暖房時，室溫調節更為明顯，經地溫換氣 CO_2 濃度從 3,600ppm 降為 750ppm，冬季濕冷時無須除濕機運作，相對濕度少 10 ％以上。經實測分析建立觀點：（1）居室溫、濕度環境具差異性，（2）運用外部環境氣候能量變化影響居室環境，（3）運用構材質性差異可調節居室環境品質，（4）運用外牆外側高斷熱、內側高蓄熱方式應為良好的外殼構造方式，（5）運用地溫綠能於換氣具改善居室溫度及 CO_2 濃度調節功能。

本研發成果具體呈現出，在居室環境熱得的處理上，不同於以往僅關注在牆體高斷熱及節能窗來減少夏天熱得的單一觀點，而是視氣候變化及居室環境的需要，以外殼斷熱及室內蓄熱搭配斷熱窗簾及平板玻璃的調控，來減少冷暖房空調的需求，並提高居室溫濕度的品質，而地溫換氣部分具體減少空調設備使用，有效降低 CO_2 濃度，提高居室空氣品質，均符合「減法綠建築」的理念，並達成低耗能、健康建築的研發目的。就綠能建築構造的發明及 AGS1 的實際開發，有利於臺灣低耗能、健康建築發展方向之運用。

ABSTRACT

Research, Development and Measurement Analysis of Green Energy Building Structures (Ph.D. Class of Design,College of Design, National Taipei University of Technology)

Researcher: Chih- Peng Liu

Advisor: Ding-Chin Chou Prof. Ph.D.

Keywords: green energy building structure, low-energy building, healthy building, simplified green buildings

Taiwan is located in a subtropical island climate zone of year-long, steady high humidity. Concrete structural objects account for 84.1 % of new building constructions in Taiwan. However, the U values of typical reinforced concrete wall panels and window plate glass are relatively high. Therefore, indoor home environments are prone to be affected by external climate change and are thus hot and stuffy in the summer and moist and cold in the winter. Air conditioners consume excess energy, while structural materials degrade due to dampness from condensation. Improper ventilation and excessively poor renovation contribute to sick environments in buildings. Therefore, developing low-consumption, healthy buildings based on local conditions is a matter of importance. AG building structures adopt a vibration reduction and insulation foundation system and an innovative new building construction method consisting of an SN steel skeleton and lightweight wall and panel installation, with a foundation structure of first-floor floor plates elevated through vibration isolation pads above friction piles with sand and charcoal paved underneath to form an air chamber between floor plates and the ground surface.

Outside air enters the air chamber through the vent and regulates the temperature and humidity through ground temperature and charcoal; the external walls are constructed of a 3D insulation wall composed of highly insulated external materials and high heat storage internal materials that differ from typical concrete structures.

The motive behind this technological research and development project is to investigate, based on the highly insulative external walls of AG building structures and the lack of improved indoor temperature compared to those of structures with concrete or brick walls, whether increasing insulation in window openings or improving heat storage methods of indoor walls help to regulate room temperature. Additionally, this study also analyzes whether the indoor air quality, such as indoor humidity in wet and cold climates, can be regulated via building structural materials and combinations thereof. This technological research and development project expects to measure and analyze the effects of the climate and environment on the target structure to clarify the problem and propose relevant technical solutions.The invention of the Green Energy Building Structure was proposed in this study.

Compared to reinforced concrete structures, the target research structure during the measurement period recorded a 3.5°C higher indoor temperature and 3°C higher wall temperature in the winter, and a 3.5°C lower indoor temperature and 3°C lower wall temperature in the summer by the use of insulation curtains and ground temperature ventilation regulation. The differences in regulated temperatures were more pronounce in cooled or heated air-conditioned rooms. By use of ground temperature ventilation, CO_2 concentrations were reduced from 3,600 ppm to 750 ppm. Without necessary dehumidifier operations, relative humidities during the wet and cold winter season were reduced by at least 10 %. The following were concluded through actual measurement and analysis: (1) Indoor temperature and humidity environments varied, (2) Using external environmental climate energy change affected the indoor environment, (3) Using structural material variations can regulate indoor environmental quality, (4) Using a highly insulative external wall structure and high heat storage internal wall structure is an adequate shell structure, (5) Using ground temperature green energy in ventilation to improve indoor temperature and regulate CO_2 concentrations.

The results of this research and development specifically show that in the treatment of the heat of the living room environment, it is different from the single view that only focusing on the high wall insulation and energy-saving window to reduce the summer heat, but depending on the climate change and the needs of the living environment, the heat insulation of the shell structure and the regulation of the heat storage curtains and plate glasses are used to reduce the demand for air conditioning in the air conditioning room and improve the quality of the room temperature and humidity. The ground-temperature ventilation section specifically reduce the use of air-conditioning equipment, effectively reduced the CO_2 concentration and improved the air quality of the living room. Both are in line with the concept of "simplified green buildings" and achieve the goal of research and development for low energy consumption and healthy buildings. The invention of the green energy building structure and the actual development of the AGS1 are beneficial to the application of low energy consumption and healthy building development in Taiwan.

※ 綠能建築構造之溫度調節效益研究 — 以 AGS1 住宅為例

關鍵字：綠能建築構造、低耗能建築、隔熱、複合式通風、地溫綠能

摘要：
在全球氣候變遷及能源短缺下，發展因地制宜適切的低耗能綠建築，是一重要的課題。臺灣地處亞熱帶季候區、海島型氣候，95% 為鋼筋混凝土構造建築，隔熱差、熱質量大，加上窗戶開口欠缺隔熱處理，居住環境夏天悶熱、冬天濕冷，空調耗能密度高。臺灣桃園市龍潭區渴望園區內一棟三層樓建築「AGS1 住宅」，係以整合外殼及窗戶隔熱處理，地溫綠能運用及複合式通風設計之創新綠能建築構造，此研究動機在於確切掌握其實際的溫度調節效益。

本研究首先以文獻分析法，探討臺灣氣候特性、建築牆體與開口之隔熱、蓄熱、地溫運用、通風換氣等影響居室溫度變化因素，繼之以個案研究方法，就「AGS1 住宅」進行單一空間之實測分析及電腦模擬；本研究獲得成果為「AGS1 住宅」之地溫綠能氣室相較於室外氣溫，夏至高溫時低約 6℃，冬至低溫時高約 5℃，具運用潛力，單一空間在適度配套使用空調換氣機制時，相較於鋼筋混凝土構造，夏冬時室溫可減增 3.5℃，壁溫則減增約 3℃，冷暖房變化速率較快；AGS1 夏冬季期間溫度調節負擔為 RC 的 39.36%，顯示「AGS1 住宅」綠能建築構造溫度調節效益良好，相較於 RC 構造呈冬暖夏涼之狀態，有助益於臺灣低耗能透天住宅發展之運用。

The Study of Effect of the Green Building Construction on the Temperature

Adjustment － an Example of AGS1 House

KEYWORDS: Green Building Structure, Low Energy Consumption, Insulation, Hybrid Ventilation, Geothermal Green Energy

ABSTRACT

In the global climate change and energy shortages, it is a significant issue for development of a suitable low-energy green building to apply to local condition. Taiwan is located in the subtropical seasonal area of the island-type climate, 95% of the building made by the reinforced concrete structure, the wall insulation is poor, thermal mass, coupled with the general window openings of the lack of heat insulation treatment, muggy in summer, wet cold in winter, high air conditioning energy consumption. An innovative green construction (named AGS1 House, the 3-story house) located in Aspire Science Park, Lung Tan District, Taoyuan City, which is integrated with house shell and window heat insulation, high heat opening treatment, geothermal green energy and composite ventilation design. The motivation of this study is to accurately control its actual temperature adjustment efficiency.

In this study, first of all, the literature analysis of Taiwan's climate characteristics, building walls and window openings of the heat insulation, heat storage, ground temperature, ventilation and other factors affect the building temperature changes. Followed by a case study method, we implement the "AGS1 House" for a single space of the measured analysis and computer simulation. The results of this study, "AGS1 House", the geothermal green energy air chamber compared to the outdoor temperature, about 6 ℃ lower in summer solstice, about 5 ℃ higher in winter solstice. It is appropriate and potential to use for the air conditioning ventilation mechanism in a single space. Compared with the reinforced concrete structure, the room temperature in summer and winter can adjust by 3.5 ℃ , the wall temperature also can adjust by about 3℃ , the change rate of cold and warm room is faster. The study results of indicates that the temperature adjustment burden of AGS1 in summer and winter is 39.36%, the AGS1 House is warm in winter and cool in summer. It shows this green building construction temperature adjustment efficiency is good and construction method can be used on development of Taiwan's low energy consumption and residential.

※ 臺灣夏季高溫窗戶隔熱對居室壁面溫度的影響 — 以 AG 綠能構造為例

Influence of Window heat insulation on House Wall in High Temperature of Taiwan Summer - The Case of AG Green Energy Structure

摘要：
本研究為掌握在臺灣夏季高溫氣候時窗戶斷熱對居室壁面溫度影響，於 2017 年 8 月 4 日至 9 日期間，進行了二棟相同 AG 綠能建築構造，在有無窗戶斷熱處理的差異上，控制三樓窗戶及一樓地溫氣孔的開關，來記錄室內各處壁體表面溫度的實測數據，量測期間室外溫度 26℃ -33.5℃，地溫 26.5℃ -27℃，分別以測點及測次方式整理後進行分析。

在牆體具高斷熱的綠能建築構造中，窗戶經斷熱處理不一定有助益於夏季高溫時降低室內壁體溫度；從標的物四個面向的外牆面溫與戶外溫度比較，可以看出西北側及西南側溫度，明顯高於東北側及東南側。標的物在15:00 時，窗戶經斷熱處理，有助益於減少一樓壁體溫度上升，但在三樓則反而不利，在 23:00 及 07:00，窗戶經斷熱處理反而不利於一樓壁體溫度降低，在三樓亦同。

三樓開窗時，外溫會明顯影響三樓壁溫，白天使壁溫上升，夜間則降低，二樓不影響，一樓壁體溫度降低則較明顯，且窗戶未處理斷熱反而利於壁溫減少升溫。另一樓地溫氣孔打開時則有助益於壁體溫度降低，尤其一樓較為明顯。

※ 透射型製冷膜玻璃窗運用在室內溫濕度調節效益研究

關鍵字：透射型製冷膜、熱得、濕度

摘要：
「牆壁隔熱好，不代表夏天室內不會熱」，因為一般雙層玻璃中隔熱膜方式，雖然能將大部分的輻射熱阻擋，卻也造成熱吸收量大，停留狀態溫度高，而對室內從輻射熱轉為傳導熱與對流熱，尤其臺灣室內溼度偏高，熱傳導速率高加速了對室內構材的蓄熱作用，因此節能效益不高，相對的由美國馬里蘭大學及科羅拉多大學團隊所研發出的透射型輻射製冷膜，其相對熱吸收量 $20W/m^2$（SAV），冷卻能力為 100-150W/m^2，大氣窗口輻射率大於 90%，顯示了直接在窗玻璃外側直接排除日照輻射熱並且對室內冷

卻，這樣的方式有其實質的效益。

本研究以運用「近似實證研究法」發現及解決課題，標的物於實測期間，就透射型輻射製冷膜之安裝前後玻璃、室內及受照體溫度變化紀錄，分析得到，透射型輻射製冷膜較一般雙層玻璃中隔熱膜，熱吸收表溫度低約 15℃，而受照木板表溫則相近，均較清玻璃受照木板表溫少約 12℃，運用透射型輻射製冷膜可以大量減少室內熱得。

針對臺灣潮濕氣候居室，夏天時減少熱得，晚上需要散熱，冬天時獲得熱得並曬到陽光，晚上則需要減少熱損，遮陽板或是窗戶外遮陽裝置外，玻璃型態的選用是關鍵，一般多層內置節能膜的產品多半效能有限，且影響冬天室內日曬，有景觀考量時可選擇透射型輻射製冷膜（冬天時相對需要保溫，透射型輻射製冷膜則應該要貼在內側，如果有窗戶型態能夠將玻璃內外翻轉，又能有好的氣密性，是最為理想的方式），若沒有景觀方面的考量時，則可考慮斷熱窗簾的運用，如此可以減少約 60% 的室內熱得或熱損；倘若進一步考量冬天室內濕度的調節，運用冬天外氣溫較室內低的特性，在適當位置的玻璃產生室內冷凝方式來調降濕度的方式，北側及東側窗戶不貼透射型輻射製冷膜或是使用多層玻璃，負責夏天室內散熱及冬天冷凝調濕，西側南側玻璃則貼透射型輻射製冷膜，只要有窗戶就選用適當的斷熱窗簾。

※ 透射型製冷膜玻璃窗運用在室內溫濕度調節效益研究之冬天量測

桃園市龍潭區渴望社區海拔 300 公尺，冬天時氣溫低且濕度高，一般鋼筋混凝土構造建築，室內壁體及室溫偏低，濕氣高所以成濕冷狀態，家具及物品容易受潮，AGS1 係針對臺灣潮濕氣候所開發的綠能防潮建築，具高斷熱、內蓄熱 3D 牆體，且整合斷熱窗簾及地溫換氣運用機制，相較於 RC 建築，明顯具有冬暖及濕度調節的特性，為進一步掌握其冬天氣候作用時的室內溼度情形，且運用窗戶玻璃在使用透射型製冷膜時，對室內溼度調節及窗戶結露位置情況，進行實測並加以分析。

視 2020 年 1 月 29 日至 31 日期間，其外氣溫濕度呈冬天外氣候特性進行相關實測作業，於 AGS1 二樓日式房間南側窗戶內側扇玻璃外面貼一層透射型製冷膜，送風 18.9℃，地溫也同時有排風，500W 電熱扇增溫，測試時斷熱窗簾關閉且門扇關閉，日式房有二位成人使用之狀態，相對同時量測二樓美式房，其狀態為斷熱窗簾未關但門扇關閉，無人使用之狀態，無任何送排風及電熱增溫。（本量測之二間房間其方位不同，但量測之時段以夜間為主，較不受日照調間差異影響，風向則具有影響性但不納入分析）

實測結果，冬天有調控的日式房間相較於美式房間，壁溫差約 6℃，室溫差約 5-6℃，明顯的日式房間相較於美式房間室內外溫差要大，所以日式房間窗戶有結露情形，而美式房窗戶則不產生結露，日式房的溼度較美式房則低約 8-10%，顯示出日式房調控環境時的效益佳，此外日式房窗戶外貼一層透射型製冷膜時相較於未貼部分，其結露情形相較少量，其內側溫度則相對較高 1-2℃。

實測顯示冬天運用 AGS1 綠能建築構造斷熱窗簾及地溫換氣，確實能調控具舒適溫濕度環境，另運用透射型製冷膜確實可以助益於冬天窗戶結露位置之調控，並利於室內溫溼度之調節。

創新的服務：
專業的造屋團隊

雅緻團隊的組成與二代的參與

雅緻團隊自 2000 年發展創新建築構造工法
及協力造屋開發前後已逾二十年，雅緻團
隊主要成員，是共同合作了十多年的經理
以上幹部，除了以宜蘭為發源地外，陸續
在臺中、臺南、南投設置據點發展，2013
年在桃園龍潭成立總公司，至今有四十多位股東，近期也添增了幾位中生
代的經理幹部，業務拓展到臺東、屏東及金門地區。

我與設計主管建築師正宏，設計師秋玉、婉倩，雅朋營造副總世豪，經理
碧桃、玉如，中區雅正營造經理崇強，南區雅明營造經理紫鈴，暘祥 3D
牆董事長正章，北區負責防水工程的阿龍，水電工程的阿龍，鋼構工程的
小陳等等，大家彼此間十多年的合作關係，共同建立了雅緻工法與設計施
工的系統基礎。

團隊中除了總公司代表對外經營接洽的事項外，基本上各單位共同合作建
構一條龍的服務，單位經營部分則是各自獨立的，團隊成員彼此間則是透
過總公司的聯繫，經由營運會議、協會活動、研討會、國外參訪及股東聯
誼建立合作機制。

從個人到發展成一個團隊，摸索技術經營都是一代夥伴們的共同努力，
二十年後這個團隊需要更創新的思維與經營型態，尤其在體制突破及面對
大環境問題的新一代人才；在開創初期的艱辛，多少會烙印在原成員二代
們成長的記憶，要讓他們理解感受並承接，需要費些心思，畢竟這是一個

艱辛的事業，營建產業是需要勞心與勞力的傳統產業，尤其面對外部氣候與變動的工址條件，外業方面要能注意安全妥適的處理施工品質，內業則是必須做好服務與管理，系統及體制建立，經營、投資開發、團隊合作機制、產品開發都需要二代們的投入努力。

現在主要成員的第二代也將陸續加入這個團隊，以北區負責主要的鋼構工單位東亞來說，老闆小陳從 2003 年起負責北區工程的施作，太太則學習繪圖並負責繪製備料圖說，現場施工時小孩也經常帶在旁，看到施工的危險與辛苦，當長大後到工地支援鋼架的施工，必須在型鋼上爬上爬下，有限的安全維護下，其實是會讓人擔憂的技術工作，雖然工法上已經盡量在地面做主要組裝，也在各層主梁中先行鋪設了鋼板降低危險，但多少仍是一種擔憂，在臺灣營建技工普遍不被重視下，將來這方面的人力問題是一大困難。

鴻偉是 2013 年總公司成立初期就加入的同仁，在遠雄服務的七、八年後，回到屏東老家幫忙鋼筋加工，也承建了幾棟透天民房，後來看到了《愛·幸福綠好宅》的書，表明希望能從事這樣的工法，因而加入總公司，協助桃園地區的工程管理，並參與了雅緻營造管理系統化的建立。三年後回到屏東，負責高雄、屏東、臺東案件，積極加入當地社團，結合相關資源，亦將工程管理及溝通方面進一步在地區性工程落實，從初期協助南區經理到獨當一面承攬完成數件工程，誠懇、實在、努力為雅緻及個人獲得業主的好評，如今太太及妻舅亦在身邊協助。

小雷在 2015 年時參加臺南的導覽說明會，那時他剛從常備役退伍，對工

法相當認同，希望以後有機會能夠加入雅緻團隊，他在經過營建方面的學習工作有了一些基礎之後，聯繫了雅緻總公司，並實習半年，在瞭解工法及營造特性後，回到臺南開始處理雅緻的工程案件，小雷及原先從事健康食品業務的太太，共同努力推廣臺南區的業務，有著軍中部隊管理的能力，加上實在、積極、陽光的個性，豐富的人脈，是雅緻團隊很好的人才。

總公司履約保證機制

※ 總公司簽約「綜理委任」意義說明

總公司作業

雅緻住宅事業除了在防災健康宅工法硬體獨步全球外，在營造、設計、施工、建材一條龍作業服務方面，也建立了 SOP 作業、建築資訊整合 BIM 設計及營建管理軟件，總公司除了在營運管理投資開發的經營外，品牌、行銷、授權、合約、品管、履約保證、定價、損耗、規格、統一採購、查核等事務上建立及維持，以確保對雅緻客戶的服務品質，我們除了有工法導覽說明會、服務建議書、工程交辦單、360 度施工現場查驗紀錄、工程階段驗收紀錄、工程交屋程序、工程保固、房屋使用說明書，這些自創服務作業外，預定 2022 年起將實施總公司綜理服務，2023 年完成第三階段增資及實施專案經理人體制。

鑑於一般自立造屋業主在造屋經驗的不足，過程中有項目遺漏，預算未能充份掌握與理解發包內容產生差異，造成工程預算超支、品質糾紛，甚至產生法律訴訟，而地區營造因為本身人力經驗不足，合約內容不夠完善，預算製作費時且遺漏或不實，工程糾紛問題造成尾款呆帳，工程倘若發生訴訟糾紛，訟期冗長，這些問題對相關係人來說都是非常大的損失。

鑑於現在網路資訊的便利，雖然對自立造屋民眾提供了一些參考的意見，但往往因為工程規模的差異，價值觀認知的落差，工程品質的認定及營造業本身特性的狀態，若沒有一定程度的理解，那麼這些意見反而會提高工

程糾紛的發生機率。

一般在工程接洽初期，因為彼此都還未相當熟悉，雙方也都維持著表象正面的發展關係，但只要是有金錢方面的合約簽訂，就會形成甲乙雙方的角色關係，後續就會有立場問題的形成，加上甲方通常會有原合約範圍外相關的工程要進行，在其他單位反映一些利害問題後，往往會造成甲方在許多細節上對乙方產生疑問，此時如果沒有客觀的說明，往往就導致了工程糾紛的發生，所以透過機制來減少疑慮或避免發生衝突，這是一個非常重要的事務。

「自立造屋」綜理服務

「自立造屋」為自宅環境營造的一種方式，按理有經濟能力來實踐人生的重大理想，應該是件興奮快樂的美事，然而除了甲方自身土地取得的風險外，造屋過程中，從設計、請照到施工，所涉及的事務內容繁瑣，甲方往往疲於處理問題或面對糾紛而成憾事，期間所涉及的乙方甚至是丙方，往往因甲方信任度的不足，或是乙方專業度的缺乏，甚至是間接關係者的意見使然，而造成工期延宕、品質不良，甚至是發生財務問題及法令訴訟，這對所有關係者都不是一件樂見的事。

有別於一般造屋設計、施工為地方營造事務的限制，有品牌、有實績，在標準作業流程及明訂品質基準、建材設備統一備品保證，還有完善的客變或退場機制，甚至是公平的履約保證方式，讓自宅工程專案的進行朝向系統化、單純化、專業化，這樣的創新供需機制將會是臺灣民眾造屋服務的新型態。

雅緻團隊具創新防災健康建築工法及專業營造團隊，站在相關係人合作共利的角度，在合於法令的規定，為利於工程在設計、施工、建材採購及建照申請等事務之綜理，甲方將契約中具體工程事項，在服務建議書提列內容範圍，除設計確立、施工確立、交屋確立三項表列事項，須經甲方簽名同意外，餘交由乙方逕為代表甲方處理，雙方合意按此自立造屋綜理委任服務機制簽立契約。

以下為雙方委任關係原則：
一、法定設計人、監造人與營造業專任工程人員不得為相同之法人。
二、綜理服務為雙方共識之委任屬性。
三、乙方須為符合附件內契約樣稿的範圍內為之。

甲、乙方退場機制：
一、雙方違反本契約精神。
二、甲方詢價發現有明顯單價偏高，損耗比異常，工程品質異常，且比例達整體工程 10% 以上（需有確切法人機構核算文件）。

設計、工程、交屋三個方面，表列甲方事項無關品質，僅關於顏色、喜好等內容，乙方需通知甲方選定，甲方則須在表列時間內回覆乙方，以利工程進行。

專案建材設備採購原則：
甲方委託具體表列統一採購物件，在參考單價 5% 範圍內，以該品牌規格，如鋼料、阻尼器、3D 牆體、磁磚、門窗、屋瓦、衛浴、電梯設備等。

※ 專案經理人體制

雅緻工程交付給營造單位承作，負責主體為專案經理人，經理人須取得雅緻總公司資格認證，對於總公司之相關規定熟悉並遵守，誠實負責的服務業主，並妥善處理與工程有關的所有事務，與雅緻公司的關係是建立在合法互信的基礎上，共同致力於「住者有其屋」的理想及營造好房子的志業，並有良好的經營獲利與建築管理成效。

專案經理人為實質負責雅緻總公司委託之各工程專案之負責人，得代表雅緻總公司授權之單位對業主簽約，其使用的營造牌照單位須經雅緻備案同意，使用之合約版本為雅緻總公司所規定，個別非原則性內容可以視個案情形調整，但涉及構造工法安全保證、違章建築問題，連帶保證條款、工程數量損耗比參數、總公司採購物件及總公司品管查核等合約事項內容不得任意變動。

專案經理人之實質工作內容：
一、業務接洽之工程接洽帶看。
二、服務建議書階段之配合設計單位現勘。
三、相關工程概算提出。
四、建築設計送照前之設計圖面瞭解及意見提出。
五、以總公司設計單位提供之 BIM 資料製作預算書。
六、工程費用及合約內容向總公司報備。
七、配合總公司舉行業務導覽。
八、總公司簽約作業之配合。

九、總公司統一採購之配合。

十、總公司相關其他工程之必要支援。

十一、總公司工程總表之提報。

十二、工程施工紀錄之備檔提出。

十三、總公司業務回補費之繳交。

十四、工程決算資料之提出。

十五、工程交屋報告。

十六、其他與工程有關之相關資訊。

十七、有關工程進度節點之照片提供。

十八、有關工程期間工址勞安衛生維持。

十九、下包單位資料及狀態提報。

二十、總公司各地合理預算審查機制。

二十一、落實團隊維修保證機制。

雅緻團隊的設計團隊組成

談到雅緻建築設計風格的形成，在劉志鵬建築師事務所時期，以校園工程為主要業務的經營階段，我主要是負責建築計劃、參與式營造及對外業務承接溝通，將空間組成釐清後，交由李元湛、吳志賢二位學弟來處理；二位學弟喜好風格不同，從傳統建築形態及極簡風型態為主軸，都有著豐富的變化，相較於同時期的其他事務所，算是較具有變化的，其中我多以主張在建築氣候方面的回應與空間質性的關切，其他則讓成員們去發揮。

在發展創新工法後，我則以專注於構造本質的探討為重心，事務所部分以務實的法令檢討，隨著各地自立造屋案的委託業主的喜好來處理建築設計，並開始主張以留白使用者為主體的觀點，在初期委託者多半為公教人員，有預算限制，也以宜蘭地區氣候的解決為主，所以出簷、抿石子簡約的型態，成為主要的建築風格。

在工法發展完善後，雅緻團隊服務案件的建築委託，性質除了住宅也有了診所、咖啡館、民宿、幼兒園或公寓，業主的多元，讓建築設計的處理尤其在屋頂、閣樓空間的變化機會增加，但是對於建築物理環境及健康建築的處理也成為基本的要求，除了承接我事務所經營的陳正宏建築師延續我的角色，並建構團隊 BIM 作業系統的工作，主要的設計作業是由洪婉倩、李秋玉的分工處理，這階段除非有業主的指定或是特殊案件，我才會介入處理，基本上我以建立公司建築型態準則為主，並主張「減法綠建築」的理念與對的設計觀點，其餘則尊重業主的喜好與團隊設計的相互發展。

以下是非純住宅使用雅緻工法完成的案例：咖啡廳、餐廳、診所、幼兒園及民宿。

其中婉倩在空間的變化上較豐富，會營造入口或陽臺的變化性，屋面的型態也較為時尚，建材搭配則更為簡約，有別於一般磁磚、抿石子的屋面、屋身、基座組合方式，裝飾性鋼架格柵的使用則在基本空間比例中，營造出畫龍點睛的個體風格。

在室內空間設計部分，陸昀萱與黃天麟都是事務所時期的成員，有著基本的建築本科專業技術養成，也都能獨當一面完成設計到施工，建築、室裝到景觀的整合服務，尤其在構造特性及七代宅開發的相關重點一路跟進發展，取得病態建築診斷士的資格，近來在高齡使用及防潮室裝、無毒裝修、空調換氣的課題上致力發展。

雅緻團隊的施工團隊組成

我在宜蘭厝活動時期，事務所業務開始從校園建築規劃設計，增加了住宅工程的設計，當時農舍興建剛開始開放，有一位企業家將自宅農舍交與我來負責統包處理，從建築、室內到景觀，這時我才算是真正開始對建築工程的施工問題有較直接的面對，隨著完成後業主的支持，我開始了一連串的創新建築工法的開發及承接處理這些工程，為了嘗試不同的做法，耗費了許多資源也承受不少的損失，也就這樣對工程的施工成本有較清楚的掌握。

當時從有友人的搭配負責工程施工，到後來因為工法成本上的風險，變成自己要去直接負責，所以我將建築師事務所交付出去，自己轉為成立的雅朋營造廠擔任主任建築師，除了持續調整建築工法外，也對營建管理的表件、人員管理預算、損耗比、品質、契約體制等加以整理。

藉由工程的持續進行演進，陸續申請取得了十幾個專利，也從單棟工程拓展到小社區工程，而這些工程初期以在宜蘭地區為主，慢慢地發展到臺北、桃園、竹苗、花蓮縣等周邊縣市，在 2005 年時最遠推展到臺南，後來在蘋果日報的專訪後，中部地區紫鈴、強哥、坤典看到了這個資訊，到宜蘭來試住四代宅後，進一步接洽成立了至佳營造成為加盟單位，負責臺灣中區的工程案件，之後因為臺南地區有工程的處理，紫鈴另成立了雅明營造，強哥另成立了雅正營造，與原來的雅朋營造各分別負責北東區及中區、南區的營造業務。

2014 年為了發展七代宅及處理篤蒔綠家園工程，在桃園龍潭渴望園區研

究園，成立雅緻住宅事業總公司，鴻偉參與三年後，回屏東成立「榮國營造」，負責高雄、屏東、臺東地區，金門地區則因為有工程的進行及立邦的加入，而由庭院營造負責金門地區，小雷則在 2018 年時到 AGS1，經過半年的工程參與後，在臺南成立俊瑋營造，2020 年則有王泉記的加入，總計有七家營造單位在負責臺灣、金門地區的營造工程業務。

雅緻工法的營造特性重點在於鋼構工程及 3D 鋼網牆，所以宜蘭東亞鋼構工程一直以來是隨著工法的調整來處理，中南部則由松山、昇達、禹進等鋼構廠來負責，3D 牆則一直由暘祥工程在負責，鉸接阻尼器為連福橡膠，威昇 C 型鋼板、專興防水粉，此外北區工程工班則是以宜蘭地區為主體，丸新屋瓦、旭峰水電、東方廚具、頂級防水、劉讚添油漆、丰格原創磁磚、銓峰鋼鋁等廠家。

雅緻團隊人物的側寫

陳正宏建築師

建築師的「重點監造」都在做什麼？小編這回隨著陳正宏建築師與李秋玉設計師自北部一路向南，當個隨行小跟班。

第一站來到臺南佳里林宅，陳建甫到工地便仰觀整棟建築外觀，並拿出隨身攜帶的平板電腦，開啟 BIM 軟體（建築資訊模型），熟練地旋指一滑，點開了林宅的 3D 設計圖，1 樓至 4 樓的空間配置，與各建築構件規格、牆面位置及開口等部分皆一目了然。陳建一邊核對林宅的細節，一邊耐心地說明，一般建築師手繪的平面設計圖，業主只能憑空想像空間，而雅緻住宅使用先進的 BIM 系統已行之有年，因此業主會比較有概念，作業效率提升許多。在勘查的過程中，陳建不時與工務主任討論施工進度、提點注意事項，除了現場核對重點要項，陳建還會拿出另一個祕密武器 — 360 度攝影機，對每一個空間拍照記錄，以便後續內部人員再詳實檢查。

陳正宏建築師在重點監造過程中，會使用 BIM 軟體核對，並以 360 度攝影機詳實記錄

離開林宅後，接著又啟程至高雄路竹，郭宅剛完成整地，陳建以敏銳的鷹眼迅速判斷基地的平整度、水流的方向、鄰宅的狀況，沉穩又俐落的身手，看得我目不轉睛。郭先生夫婦聽聞陳建夫婦親自南下場勘，特地趕來工地會面，我在一旁看著建築師、設計師與業主熱絡討論的畫面、業主笑逐顏開的模樣，感到十分溫馨。

一般的 RC 建築師只需服務當地的業主，而雅緻的築跡遍布全臺，陳建必須全臺跑透透，更曾遠赴外島金門。那一天，陳建自北部風塵僕僕南下，馬不停蹄地連跑三個工地，即便是在漫長的車程中，也不斷地與李設計師討論工程現況，未曾休息。各工地的進度皆不同，陳建憑藉著對空間的敏銳度，以及豐富的經驗，總是迅速掌握情況，不放過任何一絲紕漏。回想那天印象最深刻的畫面，是在工地現場高舉著相機的陳建，他就像個偉大的魔法師，在業主自立造屋的過程中，是陳建領著營造團隊負重前行，不僅要兼顧政府法規，還要嚴守把關建物的安全性，才能實現業主對於「家」的浪漫理想，其肩負如此龐大的責任與使命感，怎能不令人敬佩呢？

暘祥工程賴正章董事長

若說王泉記是雅緻團隊的新血，自然不能忘了當初引薦的大功臣 — 暘祥工程的賴正章董事長。待人親和的賴董，是劉建築師從雅朋營造到雅緻住宅以來的老戰友。

暘祥工程於 1995 年成立，致力於傳統營建產業的升級及營建自動化，早在 1999 年九二一大地震前，賴董就意識到傳統 RC 工法並不完全適用於臺灣，便參與國外在六十年代就推廣 3D 輕質鋼網牆工法（輕質、隔音、隔熱、耐震的新工法）在臺灣的研究與推廣。暘祥同時也參與投資引進日式輕型鋼構的乾式工法，但此法與臺灣人居住習性大相逕庭，且造價高昂，因而轉向全力發展以臺灣氣候環境與文化適合為主的建築工法（安全節能建築內外牆 — 3D 輕質鋼網牆）。

暘祥工程辦公室外觀

賴董與劉建築師憶起當年創業維艱，從早期使用鋼網牆演變成現在雅緻工法所採用的 3D 牆，想當然爾，這一路磕磕絆絆，從每個工程案中不斷地檢討與改進，並尋求最佳的解決方案，不僅得配合政府的法規，同時還須兼顧施工技術與品質的提升，就只為了要研發出屬於臺灣人防災健康宅。小編不禁想，這逾 20 年漫漫歲月，劉建築師與賴董需有絕對的共識與絕佳的默契，才能攜手打拼到如今吧。

3D 鋼網牆有其特別的結構特性，如果沒有完整的鋼構搭配、構件補強、低吸水率及含水率的防水砂漿處理，在臺灣強颱多震後，若產生結構性裂縫導致滲水問題，而牆體的 EPS 板及外層砂漿厚度組合搭配的不同，是要視使用位置及功能來搭配使用，坊間一些設計施工單位因為不熟悉 3D 牆的特性，所以有一些負評的資訊，這方面劉建就很用心地去研究面對，賴於 3D 牆有很好的隔熱、斷濕、輕量，不會結露、反潮，有好的防震、防火、防蟻、隔音的體質，是非常適合在臺灣多颱風、地震、潮濕的氣候來運用，只要正確掌握結構特性，並做好材料搭配及施工方式就可加以運用。

3D 鋼網牆是全球多數地區都有生產運用的產品，在臺灣是由大中鋼鐵自動化生產線生產，因為要搭配前端訂單的規格生產，業務方面則由暘祥賴董獨家代理，結構特性的研究方面，在 2000 年時曾委託臺灣科技大學研究，確認了牆體施工方面及抗水平橫力等物理性能都明顯優於傳統磚牆、混凝土牆，2018 年時雅緻住宅則委託朝陽科技大學，進一步對標準層高 SN 鋼材搭配 3D 牆面組合的水平橫力強度進一步實測，證明其優異的抗剪能力。

大中鋼鐵 3D 輕質鋼網牆之國家認證書

3D 鋼網牆作為雅緻工法的重要構件，劉建在博士論文研究當中，更進一步把 3D 牆在外斷熱、內蓄熱的特性與窗戶開口斷熱處理、通風換氣等影響室內溫溼度因素加以掌握，確認了 3D 牆在臺灣氣候運用的特性，也透過雅緻團隊建立了 3D 牆運用的設計及施工標準，尤其在牆面、屋頂的組合方式，在空間運用在遮陽板的方式，近期更促成樹德科技大學，針對

3D 牆構件使用 VR 技術運用在建築空間設計輔助方面做產學相關研究，劉建的相關研究均賴於賴董的支持，尤其在控制工程的費用方面，施工的進度搭配方面，都必須有賴董的運籌帷幄才能支撐實踐。

實務面臨的問題，臺灣營造業基礎勞力不足，營建勞力高齡及技術斷層的問題，模板、鋼筋工資高漲，因為年輕人不願屈就且技術培養不易，然而晹祥賴董早有遠見洞悉，3D 牆因為重量輕，組裝設備輕便，施工危險性低，技術培養相對容易而工資優，年輕人接受度相對高，賴董相當驕傲地說，晹祥在這方面多年來已培訓了 30 至 40 歲的年輕人才參與工程，有效地降低勞工年齡的門檻，且強調保障工班的安全與提升其相關的工作福利，這對於雅緻團隊以至於整個營建產業無疑有著正面積極的影響力。

看著劉建築師與賴董侃侃而談，言語之間盡是對臺灣營建產業有著熱切的期許，他們不畏艱苦，團結一心為臺灣辛苦的工人師傅們而奮力拼搏謀福利，更為臺灣人民的居安所努力，這何嘗又不是雅緻住宅團隊的榮幸與驕傲呢？

王泉記興業王貞傑董事長

AGZ1 的開發討論核心人物除了劉建以外，王泉記興業王貞傑及暘祥工程的賴正章二位董事長，建立了雅緻推展斑馬公寓的目標，小編趁此側寫了這二位事業有成的長輩。

在臺灣王泉記興業是屋瓦工程的龍頭，創立於西元 1930 年，優異的製瓦技術在同業中首屈一指，迄今已有逾 90 年的悠久歷史。自 1990 年起，王泉記興業開始接觸到日本與歐美的綠能工法與理念，並意識到陶瓦是相當耗能的產業，因此從早期的琉璃瓦生產商正式轉型為建材與設備代理商，現以代理日本松下集團（Panasonic）外裝建材與設備為主。

提及雅緻住宅與王泉記興業的緣分，劉志鵬建築師說，他長年在綠建築領域推廣雅緻防災綠能工法，多次在建材展上與王泉記興業的第三代負責人王貞傑董事長互有照面，彼此勉勵長達十多年，因緣際會之下，透過暘祥工程賴正章董事長的引薦，王泉記興業於 2020 年正式加入雅緻住宅團隊，於雅緻住宅而言，是一支強而有力的生力軍。

王董為人謙和有禮，相當關心臺灣的健康居住議題，他語重心長地說：「臺灣在能源上相當仰賴火力發電，燃煤造成了嚴重的空污問題，政府提倡電器要省電，但我認為電器要省電，房子應該更要節能才對呀！」因此王董的理念是，將國外的「節能減碳、健康住宅」的觀念及工法導入，以「節

省能源」作為企業核心理念，「我希望住宅上從屋頂就開始節能，使人們的居住環境更舒適、健康、安全，我也期待臺灣能像國外政府帶頭做『零碳建築』，並對此做實質的政策補助，藉以吸引更多的建商與優秀的建築師朝這個方向發展，真正改善人民居住的品質。」

所以王泉記興業除了代理松下集團的屋瓦及乾式壁板外，現今更引進代理冷氣及全熱交換器等設備，在臺灣已有六大銷售據點，在同業中可謂翹楚。王董亦提出建議，現今松下集團針對「智慧住宅」已有完善的配套措施，人們透過科技可在健康、安全方面更有保障，這是雅緻住宅團隊未來可以積極努力的方向。

劉建築師也表示，現今雅緻團隊無論是企業導入、系統整合方面，到實際上產品的整合技術與物業管理連結，以及統一採購建材、設備、建設開發與雅緻營運的整合發展上，都尚有進步的空間，而王董長年接觸日本住宅產業業者，盼往後能仰賴王董在企業上豐富的實務經驗與智慧，為雅緻住宅團隊導入新的能量與活力。

小編雖然聽著劉建與王董的對話只是短短的幾分鐘，卻感受到臺灣中小企業者中，能有為臺灣人民居住健康打拼的志向，其相互勉勵的情誼，著實令人感動。

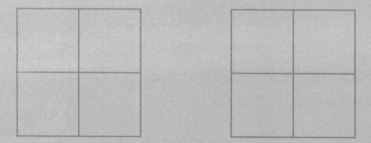

雅緻的築跡：
聽，他們怎麼說

LESSON 47
建築師們來訪的反應

在新竹縣建築師公會的來訪後,於建築師夫妻另帶著同為建築師且畢業於成功大學的女兒及女婿進一步來訪,相當認同 AG 團隊及建築工法。他們來訪時回應了在這邊看到許多學校並未能接觸到類似的內容,也認為這是值得更多人來接觸推廣的。

2020 年年底,來自臺北的史季生建築師偕夫人來訪 AGS1,我與史兄在無遠弗屆的社群媒體上結識,對於臺灣以鋼筋混凝土的結構為建築主流十分憂心,透過導覽的交流討論,史兄回去後亦予以下列回饋與鼓勵,相當感謝!特收錄如下:

史季生建築師偕夫人來訪 AGS1

> 1999 年九二一大地震後,差不多三年的時間,我都在南投協助災民重建工作。因為大部分都是透天厝,我就在思考為什麼臺灣的構造方法這麼單一,除了鋼筋混凝土還是鋼筋混凝土呢?
>
> 在以前的年代,我們沒有什麼選擇,鋼筋混凝土並沒有什麼不好,構造方法簡單,到處都可以做,技術性不高。可是時代在進步,

尤其是經過九二一地震後，抗地震係數加大了，鋼筋混凝土的結構變得更笨重，價格也越來越貴，跟鋼骨構造的價差變小了。再考慮環保與環境的問題，鋼筋混凝土吸熱吸潮的缺點，在追求環保加節能的要求下，在臺灣已經變得非常的落伍與不適用。

臺灣的建築師，你很少看到有人會注意新工法的研究與引用，除了職業怠惰之外，當然政府的落後政策也是一大原因。有建築師看到國外住宅使用木構造，也希望臺灣可以引用。考慮臺灣的環境條件加上白蟻的問題，其實是非常不適用的，而且臺灣缺乏木構造的木工，所以很難推動。

輕型鋼架（Metal Studs）系統就是木造建築的一個很好的替代品，其實說輕型鋼架是有一點以偏概全了。因為真正的輕鋼架是指用在室內隔間的輕型鋼架（Light Weight Studs），如果是用在結構上，因為骨材的厚度要厚很多，應該叫重鋼架（Heavy Weight Studs）更適合。

劉建築師的新型鋼架構造法，讓我頗有志同道合之感，今年的建築師節建材展，跟他緣慳一面，因此決定親自到他在桃園的樣品屋參觀請教。承蒙劉建築師及夫人的熱情招待，除了傾囊相授講解他的自創工法外，也實地看了正在施工的案件。對劉建築師的認真與投入佩服不已，也對我自己在未來的新建建築有了更強的信心。以臺灣的條件，我們是可以發展出一些新的設計與工法的

建築的，端看有多少建築師願意投入，而不是只在自己建築的圈子裡自嗨。

臺灣建築師的養成已漸趨於法令檢討與空間創作，對於環境的觀察、建築構造的創新、建築施工營造的管理、建築設備系統的掌握等面向，基本上已經變得陌生，太過依賴專業分工後的作業，雖然名為整合的角色，卻大都是建設業者或是機構的專案管理者在主導，所以建築師的影響性受到限制，小型建築師事務所更面臨了市場生存的困難。

事務所在 BIM 作業系統的衝擊下，系統費用、人才操作上都是一種壓力，更咸有機會創新思考，如今在消費者意識高漲，對產品的需求多元且期待標準提高，充分要求操作透明度及參與，這些新的服務機制需求反映了住宅建築設計施工市場機制的趨勢，後勤軟件的支撐將會是住宅設計施工聯盟的基礎，AG 團隊將會是重要的創新平臺，這是我從來訪建築師們的反應中確認的重要課題與利基。

泥炭土也不怕！地質改良後的防災綠民宿
南投魚池陳宅「四季時光民宿」

小編今日走文青風，剛讀到一首宋詩深受感動，與大家分享：「春有百花秋有月，夏有涼風冬有雪；若無閒事掛心頭，便是人間好時節。」這讓小編想起，我們曾經在日月潭為一對陳教授夫婦築一座會呼吸的民宿 ── 四季時光。

民宿鄰近向山遊客中心，位於低度開發的頭社泥炭土盆地，因此生態豐富、環境清幽，然而泥炭土地質鬆軟、承載力不足，再加上九二一地震後盆地大幅下陷，逢大雨極易淹水，這在建築上是一大考驗。

南投地震頻繁，陳教授夫婦更耳聞街鄰有整棟民宅塌陷，相當苦惱。為了居住安全，且考量優質環境的保護，陳教授夫婦輾轉得知雅緻住宅獨有的工法，並親自拜訪劉志鵬建築師，了解工法內容，相談甚歡。於是委託雅緻住宅團隊，先於基地勘查並地質改良，接著採用避震器減震工法及籠式鋼構大幅提高建築的安全性，運用地溫空調使得室內得以冬暖夏涼，經過雅緻住宅團隊的努力，低碳又抗震的綠建築民宿於焉成形。

來到「四季時光民宿」居住，遠離塵囂，無論季節如何更迭，皆是良辰美景，朝賞薄霧，夕賞星月，再也不必擔憂地震的侵擾。往後大家若親訪日月潭，可去體驗一番，那裡有著雅緻住宅團隊的殷切用心，更有著陳教授夫婦的親切服務與招待，我們誠摯邀請您前往感受何謂「人間好時節」。

LESSON 47 建築師們來訪的反應 &
（1）泥炭土也不怕！地質改良後的防災綠民宿 ── 南投魚池陳宅「四季時光民宿」

173

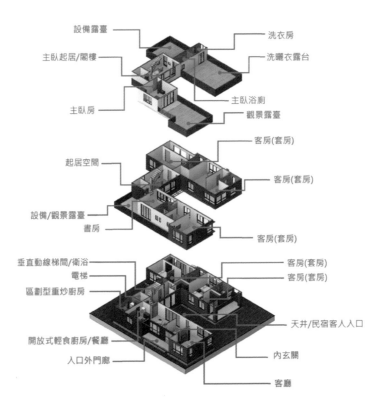

設備露臺 — 洗衣房
主臥起居/閣樓 — 洗曬衣露台
主臥房 — 主臥浴廁
— 觀景露臺

起居空間 — 客房(套房)
— 客房(套房)
設備/觀景露臺 —
書房 — 客房(套房)

垂直動線梯間/衛浴 — 客房(套房)
電梯 — 客房(套房)
區劃型重炒廚房 —
— 天井/民宿客人入口
開放式輕食廚房/餐廳 —
— 內玄關
入口外門廊 —
— 客廳

雅緻住宅團隊 —————————————

● 建築設計｜陳正宏建築師事務所　● 施工單位｜雅明營造

掃描 QR Code
看更多 ——→

02 低調的奢華，坐落田野間的混搭風民宅
臺中龍井陳宅

臺中陳先生因劉建的第一本書《愛‧幸福綠好宅》而開始認識雅緻住宅，經由劉建的專業導覽與解說，陳先生十分信任我們的工法，便著手開始建造。陳宅坐落於鄉間田野間，外觀簡約質樸，內部裝潢清新典雅，一如陳先生待人既溫暖又好客。

在建材上，我們以 3D 高斷熱牆板及 EPS 輕質混凝土為基材，使得牆壁不易結露、反潮，因此在室內裝潢上採用壁紙一點也不必擔心因潮濕而發霉、脫落，持久性更長喔！

走進陳宅，各式的壁紙表現了居室主人的個性：主臥房滿牆的花卉圖樣，讓陳先生夫婦宛如沉睡在一畝花園間；陳先生喜愛泡茶，中國風瓷器圖樣布滿書房，彷彿聞得到滿溢的茶香；男孩房以極簡風為主，女孩房走馬卡龍色系的風格；而公共空間則是以自然藤蔓的田園風壁紙做點綴，別樹一幟。

在建築構造上，我們採用鋼骨結構可減少梁斷面高度，增加了室內的淨高，利用斜屋頂挑高的空間，分別在兒女房個添加了一間小閣樓，成為了他們的秘密基地呢！陳先生開心地向我們分享，兒子的朋友來玩，因為房子太舒適而一覺進入夢鄉。歷經四季，比起以前居住在隔壁 RC 構造的老家更來得冬暖夏涼，屋內的換氣機制，更一掃臺中空污的侵擾，清新的空氣與家的舒適感，使得朋友來訪皆讚嘆不已。自立造屋固然需要耗費較多的心力，但完成後的成就感與家人的健康幸福，是持續一輩子的。

（1）泥炭土也不怕！地質改良後的防災綠民宿 — 南投魚池陳宅「四季時光民宿」&
（2）低調的奢華，坐落田野間的混搭風民宅 — 臺中龍井陳宅

175

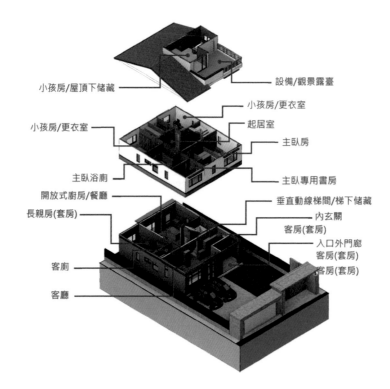

小孩房/屋頂下儲藏 ———— ———— 設備/觀景露臺

———— 小孩房/更衣室

小孩房/更衣室 ———— ———— 起居室

———— 主臥房

主臥浴廁 ———— ———— 主臥專用書房

開放式廚房/餐廳 ———— ———— 垂直動線梯間/梯下儲藏

長親房(套房) ———— ———— 內玄關

客房(套房)

客廁 ———— 入口外門廊
客房(套房)
客房(套房)

客廳 ————

雅緻住宅團隊 ————————————————————

● 建築設計｜陳正宏建築師事務所　　● 施工單位｜雅正營造

掃描 QR Code
看更多 ——→

03

讓孩子天賦自由！華德福教育家長們的合力造屋
桃園楊梅吳宅「富裕田園」

在繁忙的生活裡，你是否常常低頭滑手機，好久沒有和家人好好聊天了？你又有多久沒有和你的鄰居打聲招呼了？科技冷漠造成的疏離感，往往充斥在你我生活之間。桃園楊梅的吳先生，打破城市與科技的魔咒，走入田野，揀一塊僻靜的土地，不同於一般獨門獨院的形式，與友人共築一個鄰里和睦的社區。

吳先生極重視兒女的身心發展，為了讓孩子快樂成長，免於一般升學體制被成績綁架的壓力，便讓小孩就讀體制外實驗教育華德福學校，家長可與老師共同規劃課程，並著重創新、實踐與藝術美學的培育。吳先生向我們分享，孩子從小學就開始上建築課、音樂課、農耕課、木工課等，不受學科與成績制約，可以朝更多元的領域自由創作與發展。

吳先生在華德福學校結識了幾位志同道合的家長們，因而起心動念，想要共創一個美好的社區，經朋友推薦劉志鵬建築師的第一本書《愛‧幸福綠好宅》，吳先生對我們的工法及理念深感認同，且我們獨有的「HBM 好爸媽土開平臺模式」正符合吳先生他們的需求，經過兩次說明會的討論，決議從買地、規劃、建造都委託雅緻住宅團隊來完成。

華德福教育需要父親或母親長時間陪伴，因此大多是單薪家庭，儘管沒有寬裕的預算，吳先生還是堅持要給家人一個溫暖舒適的生活環境，「我想透過教育告訴孩子，只要有心、有能力，就能給家人一個安全健康的家。」於是吳先生帶頭身體力行，號召友人一起整地、除雜草，孩子們自得其樂，還玩起野外求生的遊戲，孩子還能應用建築課所學，見證了自己的家「從

（2）低調的奢華，坐落田野間的混搭風民宅 — 臺中龍井陳宅＆
（3）讓孩子天賦自由！華德福教育家長們的合力造屋 — 桃園楊梅吳宅「富裕田園」

177

無到有」的過程。

吳先生笑談著糗事：「之前有棵橡樹占據了馬路，我們為了砍除它，還不小心壓到電纜，把電線桿給弄斷了，趕緊跟地主求救呢！現在想起來真是有趣的回憶啊！」是呀！人生能有幾個秋？大多數的平凡人，一輩子也許就蓋那麼一個家，擇一塊好地，與理念相合的友人比鄰而居，最重要的一 和摯愛的家人健康地生活在一起。

吳先生說，他成長於大家庭，孩子沒有自己的房間，現在有了自己的家與獨立空間，採光良好，閒暇時光就是啜著咖啡、安靜地望著落地窗外稻穗四季的變化，都覺得幸福。他連連稱讚我們蓋的房子冬暖夏涼，「我們家主臥雖然是西曬，但不必用高噸數的空調設備，冷房效果真的很快。現在有時回老家常常待不住，我們已經回不去 RC 的房子啦！」而鄰居們以前住 RC 則遇過嚴重的漏水及壁癌的問題，住公寓又遇上難搞的鄰居，如今有了共同居住的社區，再也不必擔憂。「現在我們會彼此照顧小孩，孩子們平時一起上學，時常輪流去鄰居家外宿。」青梅竹馬一起長大，感情深厚。社區共同持有一塊小菜園，大家種植絲瓜、辣椒、九層塔等蔬果，互相分享。

小編看見一位用心良苦的父親，溫暖守護著家人，讓小孩適性成長、天賦自由，又拉近與鄰里的距離，守望相助，是身心靈都富裕的田園人家。

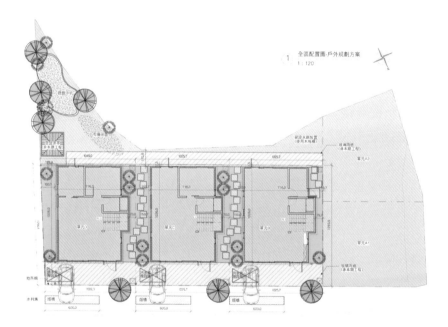

全區配置圖-戶外規劃方案
1：120

雅緻住宅團隊 ————————————————————————

● 建築設計｜陳正宏建築師事務所　　● 施工單位｜雅朋營造　　掃描 QR Code
看更多 ——→

04 | 別有洞天！面窄狹長的街屋也有春天
桃園中壢李宅

一個煦煦秋日午後，劉志鵬建築師領著小編一同拜訪中壢李宅，驅車穿越重重巷弄，連街式的透天宅櫛比鱗次，李宅位於鬧區中一條靜謐的巷弄中，聽聞李宅的基地很特別，面寬僅約 4.5 公尺、深度約 36 公尺，而我初見李宅外觀，面窄狹長的街屋形貌與一般民宅無異，但相較於旁鄰的屋舍，又更顯纖瘦了。

李先生夫婦聞聲開門迎接我們，我像是一個陶淵明筆下誤入桃花源的粗鄙武陵人，行過比想像中還大的車庫，沿著彷彿若有光的居室前行數步，在扭開玄關把手的那一瞬，空間豁然開朗，令人嘖嘖稱奇。

甫進門便對寬敞且無限延展的空間感到不可思議，映入眼簾的是李太太教學的琴房，布置典雅，一如其優雅溫婉的氣質，接著我們來到中間的廊道，地溫空調的通氣口設置於此，彷彿可以感受到室內空氣扶搖而上，我們走在裡頭，絲毫不覺悶濕，明顯地感覺到風的流動自如。李先生夫婦熱情地帶我們看各個樓層，期間不時發現本案細膩的巧思，如：天井採光的設計，陽光自藍色天花板傾瀉而下，與牆壁鵝黃基調的結合，讓人宛如置身在蔚藍天空下沐浴日光；推射氣密窗的規劃與運用，使裡外的氣流互通，且不怕雨水濺入屋內；斜屋頂下的區塊改造成小閣樓及儲藏室，空間運用有致；為小孩規劃了閱讀區的吧檯，很有咖啡廳一隅的氛圍；還有為老年生活著想，設計了大門車庫的無障礙坡道等，相當用心。

李先生說，以前住在傳統磚造的透天宅，迎著南風的緣故，整天都得開著除濕機，室內外溫差很大，住在這樣悶濕的家實在不適。李先生相當疼愛

妻子，考量李太太的鋼琴教學的需求與生活機能的便利，不得已揀選這塊狹長的基地。起初，因一般街屋採光通風不良的問題，李先生傷透了腦筋，但為了給妻兒一個舒適的家，不僅做足功課、勤於鑽研，更多次去參觀建材展，因而接觸了雅緻住宅。

李先生相當認同劉建築師「樹不怕地震」及防震健康宅的論述，之後又帶妻子參觀宜蘭的工地，儘管當時李太太對雅緻前衛的工法半信半疑，但經過詳實地評估後，李先生仍堅持採用雅緻工法來造屋。李太太笑說，在蓋房子的過程中，由於不採傳統鋼筋混凝土的方式，而是運用鋼骨與 3D 牆的結構、地溫換氣的機制等，不時引來週遭鄰居的好奇與質疑，幸好有李先生耐心說明及雅朋營造團隊的專業協助，才讓她安心。

如今已居住了一段時間，房子通風採光良好，他們十分滿意。李太太開心地分享著：「這間房子很少有落塵，不用耗費太多時間打掃，維護與清潔上都省力許多。而且進出與室外的溫差至少有 2-3 度，冬暖夏涼，原有的兩臺大型除濕機都被封印在儲藏室了，完全沒用到呢！還有還有，比起以往舊家的電費便宜太多了，你們蓋的房子真的很節能！」李太太還說，學生來上課時，連連稱讚空間舒適，學琴更專注了呢！李先生回顧蓋房子到入住至今的心得，笑道：「蓋這間房子有捨也有得，因為不想與鄰牆緊貼，房子左右預留了 10 公分，原以為空間會受侷限，但因雅緻的工法無大梁大柱，也沒有壓梁的問題，室內空間反倒不太影響呢！我有許多的IDEA，加上雅緻專業團隊的服務及協助，才能共同完成這個家。」

李先生夫婦說，待在家就像度假一樣。談起日常，他每日手作早餐，吃飽

後才出門上班，他臉上滿溢的幸福感，我們都感受到了。言談之間，李太太即興彈奏幾段古典曲子，悠揚樂音在偌大的空間縈繞良久，讓我們大飽耳福。

聽著李先生夫婦的生活方式，這不就是所謂的「儀式感」嗎？是一種對生活認真、尊重且熱愛的態度。謝謝李先生夫婦的溫暖款待，讓我們參與他們的日常時光，看著業主滿足且幸福的神態，對於雅緻住宅團隊是最美好、最有成就的回饋。

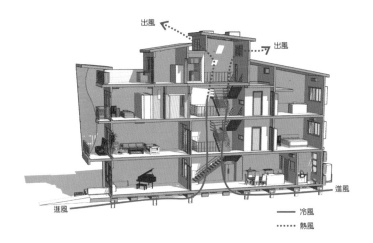

出風

出風

進風

進風

進風

—— 冷風

······ 熱風

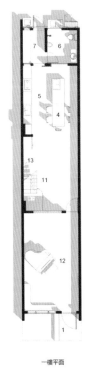

7　6

5

4

13

11

12

1

一樓平面

1.外玄關
2.內玄關
3.客廳
4.餐廳
5.廚房
6.浴廁
7.洗衣間
8.主臥室
9.臥房
10.書房
11.梯間
12.琴房
13.儲藏室
14.陽台
15.露台

8

6

11

3

14

二樓平面

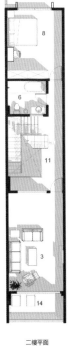

10

6

11

9

9

14

三樓平面

11

15

7

15

四樓平面

雅緻住宅團隊 ——————

● 建築設計│陳正宏建築師事務所　　● 施工單位│雅朋營造

掃描 QR Code
看更多 ——→

05 | 20 年的漫長追隨，想建一幢凝聚家人感情的好宅
高雄鳥松陳宅

高雄鳥松的陳先生，土木工程出身的他，身邊人大多以為他要蓋一棟堂皇富麗的住宅，但早在年少時，他就懷著一個看似遙遠卻偉大的夢想 — 建造一幢凝聚家人感情的好房子，不需要美輪美奐的外觀、浮華繁複的裝修，而是一個家人喜歡窩在一起的空間，彼此各執一隅，做著喜愛的事情，時而天南地北地閒聊，時而沉浸於靜好的時光，舒服地生活在一起，這就是他理想中「家」的模樣。

「還記得九二一大地震時，RC 的房子倒成一片，斷垣殘壁的景象令人怵目驚心，那時我就尋思著臺灣地震頻繁，理想的家除了營造舒適的空間，在建築結構上也必須抗震與耐震，才能保障家人的安全。」或許是給家人幸福的信念使然，陳先生某次逛書店時，無意間看到劉志鵬建築師所撰的《愛·幸福綠好宅》，其建築理念與工法竟與他心目中的「家」不謀而合。陳先生受到了很大的啟發，開始透過書籍、網路查找「雅緻住宅」的資訊，同時追蹤劉建的部落格，甚至親自訪勘過數個雅緻宅的工地。一晃眼 20 年如白駒過隙，當初的年輕小夥子已成家立業，漫長的追隨並未減損他實現夢想的初衷與決心，反倒見證了雅緻綠好宅的進化史，理想中的「家」的樣貌愈顯清晰。

深思熟慮後，陳先生決定委託雅緻住宅團隊造屋。說來奇妙，負責接洽的榮國營造窗口，竟是陳先生的大學學弟！如此驚喜的巧合，更締下了陳先生與雅緻住宅的不解之緣。陳先生說，非常感激雅緻住宅總公司的服務與協助，而學弟大偉熱忱又負責，提供專業建議，讓他少走很多冤枉路。

陳宅於孟夏竣工，當時陳先生仍擔心南部盛夏燠暑難熬，所以預留了冷氣的配置與管線，「結果是我太過擔憂了！雅緻宅通風良好，不會結露、反潮，夏天幾乎不用吹冷氣！」他也提到，雅緻宅在規劃格局時，都會將各管線配置拍照留存，在牆壁噴漿前都可適度修改，但一般 RC 在格局底定後，管線很難做更改，若要更改就得拉明線，十分不雅觀，由於雅緻宅管線透明化的優點，讓他能夠更靈活地運用空間。雅緻工法沒有大樑大柱，室內空間增加 12-15% 左右，視野寬闊，陳先生笑說：「在家習慣寬敞的空間，現在去別人家拜訪，反倒挺不習慣的，哈哈！」

起初，家人並不認同陳先生蓋雅緻宅的堅持，如今，已入住一年多，陳先生說：「以前父親有皮膚乾燥敏感的困擾，現在都不用擦乳液了；而我有喉嚨癢的老毛病，每逢換季總會感冒，自從搬進來後，以前買的日本感冒藥都放到過期啦！」訪談間，聊到去年 12 月中旬發生芮氏規模 6.7 的地震，陳先生說：「我那時正在上班，便趕緊打回家關切，想不到家人老神在在，對地震完全無感，還說餐廳的吊燈連晃都沒晃呢！」健康與安全兼顧的雅緻宅，讓他照顧家人省心，在家很安心。而今夢想中的家已然實現，家人漸漸喜歡回家，拉長了聚首的時光，且居住環境未有 RC 壁癌及悶熱的問題，空氣品質大幅改善，家人白日精神奕奕，夜晚悠然入夢，陳先生的擇善固執，使得原先家人的疑慮都迎刃而解了。

陳先生為人熱情大方，總不吝分享自己的家給其他業主參觀，我們相當感激。看著陳先生的家庭照，洋溢著三代同堂的天倫之樂，家人身體健康，孩子無憂成長，這不就是幸福嗎？很榮幸雅緻住宅能夠承載著陳先生的夢想，蓋房子從來就不容易，聽著陳先生一路走來的故事，蓋房子的過程好

似釀一壺美酒，單單擁有上好的原料配方還不足，還須有懂釀造的師傅手藝，再摻和幾許難得的緣分，只消等待時間發酵，必有芳馥的酒香，與摯愛的家人酣飲，共品好時光。

① .正向立面
1 : 100

② .背向立面
1 : 100

蝸牛住宅與斑馬公寓

和室
廚房
浴廁
梯間/儲藏室
餐廳
佛室
客廳
門廊

① 傢配 1FL
1 : 100

臥室
臥室
浴廁
多功能室
臥室
主臥室
露台

② 傢配 2FL
1 : 100

雅緻住宅團隊 ————————————————————————

● 建築設計｜陳正宏建築師事務所 　　● 施工單位｜榮國營造

掃描 QR Code
看更多 ——→

06 暖暖內含光，L 形基地也能這樣蓋！
桃園八德吳宅「祥玲居」

猶記得採訪的那一日，正逢寒流來襲，凜冽的冷風襲來，遽降至 3 度的氣溫，讓人止不住地打哆嗦。吳先生應聲前來，領著我們行過寬敞的車庫，穿過翠綠植栽點綴的長廊。甫進門，便被滿屋的暖意包圍，暈黃的燈光使人繃緊的交感神經都放鬆了許多。吳先生夫婦熱情地沏上熱茶，娓娓道來自立造屋的過程與收穫。

在桃園八德土生土長的吳先生，對家鄉與祖厝有著深厚的情感，想在這塊風水寶地上蓋一間「麻雀雖小，五臟俱全」的好宅。因緣際會之下，吳先生閱讀了劉志鵬建築師《愛‧幸福綠好宅》而認識雅緻住宅，初聞如此新穎的工法，半信半疑，他數次到雅緻總公司向劉建請教，並實際走訪觀音的工地，了解何謂地溫空調機制、防震的阻尼器以及鋼網牆，吳先生說：「那時我為了測試鋼網牆是否堅固，還做了實驗，結果真的剪都剪不斷耶！哈哈！」經過實地考察與研究，吳先生對雅緻工法的信任逐漸拼湊而成，最終決定委託雅緻團隊造屋。

在空間規劃上，由於吳宅的基地呈 L 型，且與親戚家緊密相鄰，吳先生與劉建討論後，決定向內退縮建築線，增加室內採光，而雅緻工法無大柱大梁，因此並不影響室內空間。吳太太說：「一般 RC 都會把房間蓋滿，但劉建卻希望留一塊公共空間，讓家人有一處相互交流的所在，而非上樓就各自回房，形成疏離感。現在親友來訪，大人在客廳品茶暢聊，孩子們就聚在公共空間玩桌遊，這樣相處挺好的！很感謝當時劉建提供這麼溫暖的建議。」

在施工階段中，想當然爾，蓋這樣一間前衛的宅邸，肯定引來鄉鄰的好奇

與關注。吳先生笑道：「雅緻工法以鋼構為主，組架的速度很快，而那時結構採用未鍍鋅的 H 型鋼，形體較纖細，因此鋼骨組立完成時，生鏽的骨架看起來弱不禁風，鄰里議論紛紛，連那時在春源鋼鐵工作的親戚也很替我們擔憂呢！」而有趣的是，因吳先生夫婦工作繁忙，監工的責任便由阿嬤一肩扛下。阿嬤早年曾做過水泥工，對營造工務並不陌生，因此面對親戚鄰里的流言蜚語，絲毫不為所動，工地大小事諸如指揮交通、張羅停車等，亦處理得妥妥貼貼，甚至還和營造師傅們說起行話呢！

在入住後的感想上，問及雅緻宅與傳統 RC 的差異，吳先生夫婦深有所感，「今天可說是今年最冷的一日，我們家室溫約 15-17 度，但隔壁親戚家是 RC，室溫卻只有 7 度！」兩種截然不同的工法，竟相距兩倍的溫差，在嚴峻的寒冬中高下立判。「我們家夏天也不太吹冷氣，但親戚家因 RC 太悶熱，還要仰賴種樹遮蔭來乘涼。去年年初啊，親戚家嚴重反潮，導致天花板的裝潢無預警掉落，真的很可怕！」而建築與健康息息相關，吳太太說，她患有僵直性脊椎炎，以前住在 RC 時，夜半常因膝蓋緊縮而痛醒，自從住進雅緻宅後，症狀好轉許多。吳太太也很開心地向我們分享，「先前為了準備麻醉護理師的考試，朋友建議我去圖書館念書，但我喜歡待在 2 樓的書房，空間舒適自在，更能全神貫注。讀得累了，起身向窗外探，就是一大片綠草如茵的田野，何必出門呢？」

吳宅的室內裝潢以暖色調為主，是吳太太的堅持，「我想要營造一個溫暖的氛圍，讓小孩們回家時，不會有壓力。」採訪的當下，年逾七旬的阿嬤，堅稱自己身體硬朗，頂著寒風去菜園採摘新鮮油菜送給我們，非常感動。而我放眼望去，客廳牆上掛著一副對聯，是吳先生以夫妻之名所創作的藏

頭辭:「祥雲瑞彩滿庭室，玲瓏剔透價連城。」夫妻恩愛之情盡在不言中；而題辭旁是一幅臺灣畫家陳海暉所繪的《豐收》，祥雲縈繞青山，潺潺流水向內流入屋內，灌溉了遍地金黃飽滿的稻穗，而吳宅就如同畫中的田園人家一般，暖暖內含光。聽著吳先生一家滿是幸福的生活點滴，於我們而言，亦是一種價值連城的珍饈。

1.外玄關
2.內玄關
3.客廳
4.餐廳
5.廚房
6.浴廁
7.孝親房
8.主臥室
9.臥房
10.書房
11.梯間
12.神明廳
13.儲藏室
14.陽台

一樓平面

蝸牛住宅與斑馬公寓

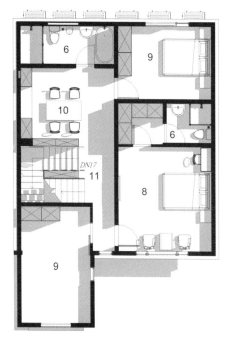

二樓平面

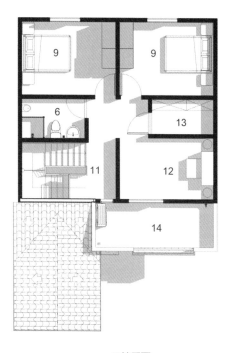

三樓平面

雅緻住宅團隊 ─────────────

● 建築設計｜陳正宏建築師事務所　　● 施工單位｜雅朋營造

● 室內裝修｜陸昀萱室內設計

掃描 QR Code
看更多 ⟶

07 孩子們喜歡回來住！一個父親的簡單願望
臺南新營陳宅

趁著雅緻團隊在南部舉行導覽的日子，小編特地走訪臺南新營陳宅。陳宅外觀典雅大方，一進門就被庭院的奇珍異草及各式蔬果植栽所驚豔，我們循著滿溢的茶香前行，年屆 79 歲的陳先生開門熱情地迎接我們，開始娓娓道來他與雅緻宅的種種緣分。

陳先生是臺南在地人，為了一圓妻子在陽光下曬棉被的心願，陳先生幾經周折才終於在新營覓得一塊寶地。某日，陳太太在漢聲廣播電臺聽到了劉建築師新書訪談的節目，對於所謂冬暖夏涼的綠建築感到好奇，夫婦倆便買了《愛‧幸福綠好宅》研讀。在春源鋼鐵當過採購的陳先生說：「當時我們哪懂什麼綠建築？但是看到雅緻宅的主結構是 H 型鋼，有避震的阻尼器，地底有木炭可以淨化空氣，還拿到多項專利，有這麼安全又兼顧健康的房子，就決定試試看！」

陳先生認為房子格局的好壞會影響家人感情，他說：「友人在臺糖宿舍的空間太狹隘、房間少，兒孫回來沒得住，吃飽後就各自回去了，家庭怎麼會溫暖呢？」他喜歡四四方方的格局，房間與衛浴分離，才不易產生潮濕、薰臭的狀況。因此在設計前，他就有明確的需求，起厝就要蓋大間！陳宅有 8 間房間、4 個廁所、2 個車位，還有一個陽光普照的庭院，現在兒孫們都很喜歡回家，團圓，就是最質樸的幸福。

陳先生開心地向我們分享，入住的那天，正巧是大女兒和二女兒的生日。如今陳先生夫婦入住邁入第 7 年，對於雅緻宅讚不絕口：「我們家夏天室內外溫差約 4-5 度，不用開冷氣，冬天溫差約 7-8 度。房子沒樁沒石，防

水防潮，住起來安全又舒適。」陳先生感性地說：「沒有劉建築師和雅明營造林紫鈴經理，就不會實現我們心目中理想的好房子，他們都是我的恩人。」陳先生笑說，他平時喜歡看著庭院發呆放空，我隨著陳先生的視線望去，金黃的餘暉溫柔灑進庭院，花草隨風搖曳，疏影錯落，如此簡單又愜意的時光，令人心馳神往。

陳先生樂於助人，不吝開放自己的家供人參觀，曾有訪客參觀陳宅後，也決定建造雅緻綠好宅，陳先生還跑去臺南佳里、六甲工地幫忙監工呢！採訪當天，又有幾組客人來訪，陳先生再度鉅細靡遺地介紹他與雅緻宅的因緣，看著陳先生無私分享的模樣，身旁的訪客們皆紛紛道謝，並呢喃著滿滿的感動，這何嘗不是我們雅緻團隊的福分呢？

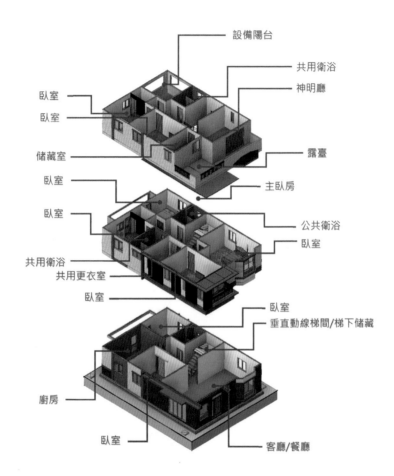

設備陽台

共用衛浴

神明廳

臥室

臥室

儲藏室

露臺

臥室

主臥房

臥室

公共衛浴

共用衛浴

臥室

共用更衣室

臥室

臥室

垂直動線梯間/梯下儲藏

廚房

臥室

客廳/餐廳

雅緻住宅團隊 ————————————————————————

● 建築設計｜陳正宏建築師事務所　● 施工單位｜雅明營造

掃描 QR Code
看更多 ──→

蝸牛住宅與斑馬公寓

晴空萬里的好日子，穿過田野阡陌小徑，我們來到苗栗銅鑼張宅。張先生自小在銅鑼長大，成家立業後，便考慮將老家重建，他曾去看過日式鋼構住宅，但造價高昂，無法負荷。尋尋覓覓中，剛巧張太太的友人推薦雅緻住宅，張先生說：「一開始當然覺得工法新奇，我們事前做了很多功課，也參加過臺中導覽的說明會，直到去參觀苗栗朋友家的工地與彰化業主的家後，理論與實體相結合，頓時有了信心，就決定委託你們蓋房子，然後更加努力賺錢！哈哈哈！」

平時張先生夫婦忙於工作，蓋房子的監工任務自然由張爸爸上陣，然而雅緻這麼創新的工法，一般的長輩難免有所擔憂，不過，張爸爸卻老神在在地說：「我對建築不了解，但蓋房子的過程中我都有在觀察啦！大部分的建商都會偷工減料，但我看你們做事很實在，我就安心了。我相信建築師的專業，所以非常感謝雅緻團隊的服務啦！」看孩子們住得健康、快樂，何嘗不是天下父母的心願呢？

如今張先生一家入住約 1 年，問及去年 12 月大地震的情形，張先生不以為然地擺擺手，一派輕鬆地笑答：「我們家有裝 31 顆避震器耶！沒在怕的啦！」而張太太也提到，他們家雖坐落於鄉間，環境清幽，但空氣品質卻仍有隱憂，她說：「鄉下農民燒草木灰是常有的事，每當惡臭的濃煙四竄，我就會趕緊回家，加強室內的換氣。幸好雅緻宅有地溫空調的機制，著實使人放心不少。」

「蓋房子眉眉角角很多，但一一度過難關，最後順利完成就好了！不必想

（7）孩子們喜歡回來住！一個父親的簡單願望 — 臺南新營陳宅 &
（8）老屋重建，傳承家的記憶 — 苗栗銅鑼張宅

195

那麼多！」聽著張先生分享著造屋的過程，他們樂天直率的態度也感染了我，蓋房子猶如一段漫長的旅程，途中也許會茫然無措，也許會迷路卡關，但只要逢困境保持樂觀、遇問題交付專業，綠好宅自然水到渠成，日後回想起來，其實俯拾皆是風景呀！

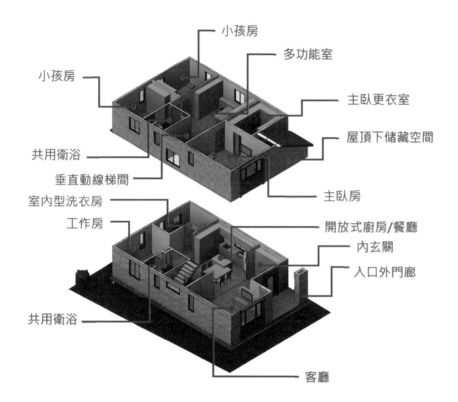

小孩房

多功能室

小孩房

主臥更衣室

屋頂下儲藏空間

共用衛浴

垂直動線梯間

主臥房

室內型洗衣房

開放式廚房/餐廳

工作房

內玄關

入口外門廊

共用衛浴

客廳

雅緻住宅團隊 ————————————————————

● 建築設計｜陳正宏建築師事務所　　● 施工單位｜雅正營造

● 室內裝修｜陸昀萱室內設計

掃描 QR Code
看更多 ——→

09 | 現代的歸園田居，落實友善農耕的低污染平實農舍
嘉義太保周宅

臺灣自農舍開放興建後，普遍存在著「良田種豪宅」的亂象，這種「豪宅農舍」變相成為餐廳、民宿或是外傭宿舍，且衍生出土地過度開發、大量違章等問題，造成嚴重的環境污染，失去了農舍實質的意義。以宜蘭地區為例，20 年間出現近萬戶的農舍，當問題失控後，農舍法令的從嚴管理，使得農舍無所適存。而在嘉義太保這個村莊，卻有一棟落實農地友善耕作及農民自住的農舍，是一個真正合法、低污染且平實的退休鄉村住宅 — 周宅。這次小編親自拜訪周老師夫婦，一窺其理想中的田園生活。

時光回溯到 2005 年，周老師自公立學校退休後，決定整修嘉義市區的老房子，因空間夾雜過多的樓梯，造成生活上極大的不便。周老師說：「『家有一老，如有一寶。』真是如此，是年邁的父親提點了我，那間房子不適合養老一生。隨著年紀增長，我才逐漸體會到父親當時的心情。」加上農家子弟出身的他，樂於務農，喜歡種菜，因而起心動念，想在田野間建一座農舍，過著理想的田園生活。因著這樣的契機，周老師啟動了購地自立造屋的念頭。因緣際會下，崇尚自然的同事介紹了劉建築師的書《愛・幸福綠好宅》，後來參加雅緻導覽，幾經思量，才決定委託雅緻團隊造屋。

在建造施工的階段上，嶄新的工法令周老師嘖嘖稱奇，他說：「從吊籠型鋼架、組 3D 牆到噴漿的過程，施工快速，工地保持得很乾淨，連親友也覺得不可思議。」

入住後，周老師夫婦很滿意這樣平坦而舒適的開放式空間，1 樓就如其理想的規劃，涵蓋書房、臥室、廚房與洗衣間，動線流暢，生活上自在方便許多。「以前的老房子，連續三天下雨，屋內就會開始滲水。住進來後，

每逢下雨都不擔心，屋內不會結露、反潮，相當乾爽。」今年過年走春，周老師的妻子吳老師深有所感：「到訪朋友家僅坐 2 小時，便感身體熱能被 RC 宅所吸走，頭痛與鼻塞紛紛湧現，雖馬上穿羽絨衣保暖，但為時已晚。朋友住在 RC，也為全身痠痛、虛寒淤積所苦，苦不堪言。」吳老師感慨地說，住過雅緻宅，身體更加清晰敏銳，「沒有住過我們的房子，真的不知道 RC 房傷害健康的狀況！也許年輕力壯的人不會立刻察覺，但對年老力衰的我卻立即反映，十分有感！像我們家坐落於空曠的田野間，若逢濕冷的天候比都市更加挑戰，更遑論 RC 的房子會有多恐怖了。因此，我非常感恩劉建帶給我們健康！」

吳老師表示，退休後最正確的決定就是蓋了這間房子，有雅緻團隊替我們控管預算，讓我們可以過上有品質的退休生活。周老師更感性地說：「我一直在想，這些過程都是冥冥之中的牽引與因緣，我們非常幸運，遇到很好的建築師及負責的團隊。」他亦提供給想蓋農舍的朋友們誠懇的建議：「了解自身的需求、預算與未來想要過的生活，然後找對建築師，多多溝通。像我是務實派，選擇易維護、堅固耐用的建材十分重要，每人需求皆不同，建一棟適合自己的房子，生活起來才會愜意舒適。」

問及周老師的退休生活，他笑稱他是「中文系園藝組」，並大方分享夫妻的日常：「日出時分，我們起床準備早餐，接著去菜園巡視，看看動、植物與蔬果生長得如何，這是多麼療癒的過程呀！然後開啟一日的農事，因為沒有生產的壓力，反倒能隨心所欲，自給自足。日落時刻，便回到家稍事休息，簡單瀏覽國際新聞，再讀點書便就寢啦！我想，到了這個年紀，身體健康與心靈的快樂最是重要。」而這不正符合陶淵明筆下《歸園田居》的幾句詩詞嗎？「晨興理荒穢，帶月荷鋤歸。道狹草木長，夕露沾我衣。衣沾不足惜，但使願無違。」聽著周老師神采飛揚地敘說農耕趣事，任真自得的生活就如同一首優美的田園詩，看著業主住得安心、健康，使願無違，便是雅緻團隊衷心所盼。

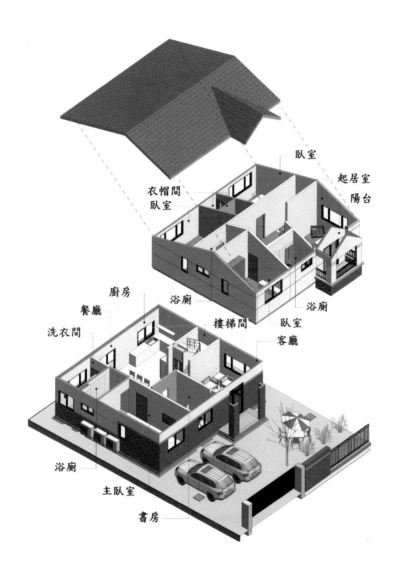

臥室

起居室

陽台

衣帽間
臥室

廚房

浴廁

餐廳

浴廁

洗衣間

樓梯間

臥室

客廳

浴廁

主臥室

書房

雅緻住宅團隊 ─────────

● 建築設計│陳正宏建築師事務所　　● 施工單位│雅明營造

掃描 QR Code
看更多 ──→

10 回家，就像度假般享受
雲林二崙林宅

駛進雲林二崙小村莊，一望無際的田野中，林宅門前豔紅的天人菊恣意綻放，使得林宅在綠油油的鄉間中顯得特別亮眼。走進林宅，ㄇ字形格局的設計、內部寬敞的空間與簡約別緻的擺設，在在都令我眼睛一亮，油然而生的溫馨感，就如同主人一樣親切和藹，毫無距離感。

林先生是一名國小老師，起初要蓋房子時，與一般人一樣只曉得 RC 的工法，但每當回想起臺灣九二一大地震，中南部災情慘重，內心的陰影仍揮之不去。「直到某次收聽電臺節目，聽到劉志鵬建築師分享防災健康的工法，如雷貫耳，給了我很大的認知衝擊。」初聞雅緻獨特工法，一知半解的林老師，自行上網查找資料、看大愛電視臺的劉建專訪，並仔細閱讀劉建所著的《愛‧幸福綠好宅》，接著參加龍潭導覽，南來北往走訪工地後，便決定委託雅緻團隊造屋。

林老師說，前幾年開始，他的老家白蟻橫行，木地板與梁柱無一倖免，還有壁癌的問題也讓他很頭痛。「我印象很深刻，結婚前，我才將老家壁癌處理掉並重新粉刷，不料結婚後才沒幾天，房間的壁癌又長出來！」他又道：「我曾在南投山上的小學服務過，教師宿舍一樣長滿壁癌，因此我對壁癌有切身之痛。」如今已入住 3 年，林老師開心地說，以往白蟻與壁癌的問題不復存在，蓋雅緻宅可說是一勞永逸。「相較 RC 的老家，雅緻宅真的不易結露、反潮，室內外的溫差最高可到 9 度，冬暖夏涼。親朋好友和學生們很喜歡來我們家玩，還笑說這裡好像展示屋喔！」林老師還說：「我們這裡空氣不太好，『夏天豬屎味，秋冬風飛沙』，但雅緻宅有換氣的機制，再也不擔心啦！」而問及去年 12 月底大地震，林老師笑答：「我

睡得很熟，完全沒醒，要是以前在老家，早就跳起來逃出家門了！」

在造屋過程中，家人難免擔憂，因此與家人的溝通也是很重要的一環。林老師真摯地說：「我很感謝劉建還特地南下向我父親耐心說明，雅明營造的林志輝主任也幫忙帶我父親去看彰化埤頭的陳宅，這種真誠體貼的互動讓我很感動。」他認真地道：「一般有關營建或建商的新聞報導，總是圍繞在屋主與廠商的勾心鬥角，要不就是充滿欺騙與糾紛，直到遇見貴公司後，讓我感受到人與人之間全然的信任。像是預算合約與交辦單皆公開透明，只要過程中我有遺漏的或是有變更的地方，洪婉倩設計師或雅明的林紫鈴經理都會提醒我，每個步驟比我還用心。」

回想起與雅緻相遇的緣起，到如今入住後暢談生活的種種，林老師感性地說：「還有一個收穫是 ─ 沒想到除了營建與業主的關係，大家竟然還能成為朋友，這點是令人難以置信的。」林老師從不吝開放自家予人參觀，為的是希望讓更多人知道雅緻綠好宅。臨行前，林老師慷慨贈予代表著信念的向日葵與象徵著同心協力的天人菊種子，而我們定會秉持初衷，將雅緻平實卻雋永的價值，繼續散播出去。

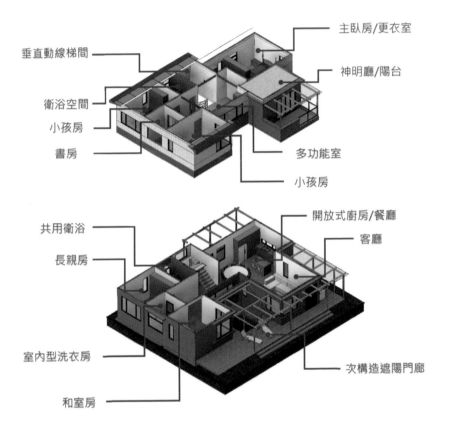

主臥房/更衣室

垂直動線梯間

神明廳/陽台

衛浴空間

小孩房

書房

多功能室

小孩房

共用衛浴

開放式廚房/餐廳

長親房

客廳

室內型洗衣房

次構造遮陽門廊

和室房

雅緻住宅團隊

● 建築設計｜陳正宏建築師事務所　● 施工單位｜雅明營造
● 室內裝修｜陸昀萱室內設計

掃描 QR Code
看更多 ⟶

蝸牛住宅與斑馬公寓

11 我家也有夢幻植物園！打造樸實鄉村親子宅
臺南六甲吳宅

走進臺南六甲吳宅，放眼望去盡是滿滿的多肉植物，盎然綠意中不乏有上板的鹿角蕨們，以及琳瑯滿目的奇珍異草，蝴蝶翩然飛舞其間，吳家庭院宛如一座夢幻的植物園，而這裡 — 亦是吳先生孩子們的專屬樂園。

還記得與友人共築社區的楊梅「富裕田園」嗎？楊梅的吳先生是臺南吳先生的連襟，因妹夫的推薦而接觸雅緻住宅。吳先生說，初聞雅緻工法，對於「冬暖夏涼」的房子，其實一知半解，直到去參觀臺南柳營連宅，才有了深刻的感受。「記得那時是炙熱的夏天，還下著雷陣雨，南部的悶熱不是開玩笑的，但我們走進連宅，室內舒適涼爽，通風很好，我才明白原來「夏涼」是這樣的感受。」吳先生接著形容：「我所謂的『涼』，就像是在熾熱太陽下的樹蔭底乘涼，與吹冷氣的『涼』是截然不同的，雅緻宅的涼感舒服多了！」而這也成為了吳先生委託雅緻造屋的主因。

吳先生說，今生第一次蓋房子，許多事都毫無概念，「幸好有陳正宏建築師與洪婉倩設計師的專業建議，在格局規劃上給予我們很大的幫助。像是選用推射氣密窗，讓我們家雨天也能開窗保持通風，雨水不會噴濺到室內，真的很棒！」吳先生特別提到，雅緻團隊服務很有效率，「決定造屋後，雅明營造的林志輝主任就提前擬好了期程，連泥作、工班等都安排好了，讓人非常放心。」吳先生亦向我們分享幾個小故事，他們入住後，某年颱風來襲，1樓天花板竟然開始漏水，他相當驚訝，馬上向雅明營造的林紫鈴經理反應。「那時我印象很深刻，林經理不畏颱風天，冒著風雨前來，經檢查才發現原來是當初2樓裝冷氣的師傅管線封膠沒封好，才導致1樓有漏水的情形。另外一次是磁磚外牆的施工填縫沒填好，林經理也是

（10）回家，就像度假般享受 — 雲林二崙林宅 &
（11）我家也有夢幻植物園！打造樸實鄉村親子宅 — 臺南六甲吳宅

205

二話不說，馬上趕來處理，這與在外買販厝有很大的反差，相比之下，林經理這種不推諉的服務態度，讓我們很感動。」

2018 年入住至今，吳先生笑說，我們家全變成了宅男、宅女啦！喜歡宅在家似乎已變成雅緻業主們的普遍迴響。「住進雅緻宅後，由於室內溫、溼度穩定，原先大兒子有嚴重的過敏，現在狂打噴嚏及流鼻水的症狀有很大的改善。」他也驕傲地說：「我們家只有夏天睡覺才開冷氣，但每期的電費帳單從來沒超過一千元喔！同事聽聞，都直呼太離譜了！」

吳先生夫婦重視家人相處的時光與小孩的教養，因此吳宅的客廳只有 4 坪，沒有電視，但公共空間十分寬敞。「平時我喜歡種些蔬菜，或芭樂、番茄等水果，沒事就學學木工，現在正在做開放式衣櫃！我太太喜歡做點心與手工皂，熱愛種多肉及蕨類植物。」蓋一幢好宅，各自做喜歡的事情，DIY 的樂趣點綴了平凡的日常，使得簡單的生活熠熠生光。順帶一提，吳太太是化工博士，相當注重住宅、生活環境及手作物的品質，像是手工皂原料之一的生乳，還是她親自去農場採集的呢！

吳先生感性地說：「我從小是阿公阿嬤帶大的，所以對我來說，好好地陪小孩長大是很重要的事。」他提到，小孩平時遠離 3C 產品，休閒娛樂就是閱讀故事書、打球、捉蝴蝶……？沒錯，捉蝴蝶！多麼質樸又浪漫的活動呀！吳先生看我如此驚奇，特別和我分享吳宅蝴蝶眾多的秘密：「我們家栽植了一種叫『馬利筋』的植物，它的葉子

是毛毛蟲的食物，毛毛蟲食用後可以抵禦外來的天敵，它的花朵又是蝴蝶採蜜的最愛，所以蝴蝶喜歡在馬利筋的葉子上產卵喔！」與花草昆蟲為伍的生活，真是有趣。言談間感受到吳家人對生活的熱愛與純粹，看著吳家調皮的全家福合影，煦煦日光映照著一家四口的幸福笑顏，我想正因有幸收藏了業主如此溫暖的生活點滴，才能賦予每棟雅緻綠好宅一個嶄新的靈魂啊。

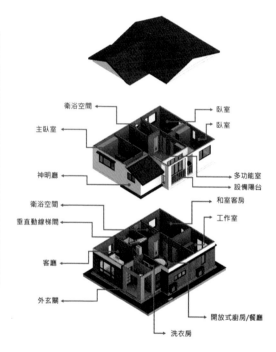

衛浴空間 → 臥室
主臥室 → 臥室
神明廳 → 多功能室
設備陽台
衛浴空間 → 和室客房
垂直動線梯間 → 工作室
客廳 → 開放式廚房/餐廳
外玄關
洗衣房

雅緻住宅團隊

● 建築設計｜陳正宏建築師事務所　　● 施工單位｜雅明營造

掃描 QR Code
看更多 ——→

12 落葉歸根，在鄰房左右夾雜下營造採光通風的好宅！
臺中北屯王宅

臺中北屯王宅不同於獨門獨院的形式，亦非坐落在鄉間田野，而是位於都市密集住宅區，其左右皆有鄰房，外觀看似無異於面窄狹長的民宅，然而王先生一敞開門迎接我們時，迎面而來景象是內部寬敞的車庫與別出心裁的庭園景觀，令人驚豔。

王先生是一名國中老師，早期居於南屯的複合式住宅，然而每逢炎夏溽暑，RC 宅悶熱難耐，王老師一家深以為苦。或許是緣分使然，王老師說：「我曾在建材展中就對雅緻住宅團隊留有幾分印象，偶然機緣下，恰好又從大愛電視臺看到劉志鵬建築師的訪談，對雅緻工法很感興趣，就主動聯繫你們。」當時王老師正計劃退休，由於親戚友人仍在家鄉北屯，因而萌生了落葉歸根的念頭，在參加過雅緻導覽並參觀工地後，便決定委託雅緻團隊造屋。

在設計施工上，屋內天井與天窗的設計，解決了狹長街屋採光及通風不良的問題。王老師說：「第一次蓋房子懵懵懂懂，我們的基地又與鄰房相連，難免忐忑不安。幸好過程中有雅正營造的高崇強經理從旁協助，他為人誠懇又盡責，因為有他的居中協調與幫忙，我們才能如願擁有一個理想中的好宅。」王老師感嘆地說，他的親戚也是自地自建，不料卻委託到不良的營建廠商，工程款遭虧空，實在令人遺憾。

走進王宅，會發現王太太在居家環境的打理與維護方面十分用心，屋內掛滿了幸福的家庭照，牆上還有著孩子們幼時的手作品，兒女們的成長點滴都被王太太好好地收藏著，感受得到其身為妻子和母親的珍愛與用心。值得一提的是，氣質出眾的王太太多才多藝，無論是繪畫、刺繡、剪紙、彈

古箏等均難不倒她，她平時喜愛「拈花惹草」，20 年的插花手藝更是 Pro 等級，在王宅的各個角落皆可看見她的巧思花藝，在紅花綠意的襯托下，王宅更顯得生氣蓬勃，不只蝶影翩翩，連鳥兒也來築巢呢！

聽著王先生夫婦分享造屋到入住後的心路歷程，無論是談吐之間或是王宅的氛圍，在在皆體現出一種「生活禪」的態度，相當符合王宅門聯所寫的「平安自在」。我想正是由於夫妻間彼此信任與支持，王老師專注在建築硬體的規劃，並信賴雅緻專業團隊來執行，而王太太著重於家的氛圍與美感經營，夫妻分工無間，才能共同打造出這樣一個理想的家，伉儷之情深，怎能不令人稱羨呢？

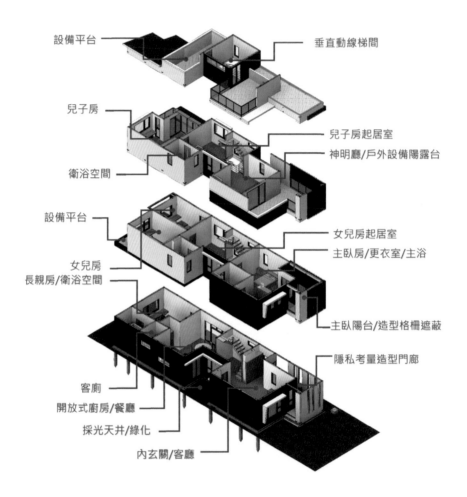

設備平台 ── 垂直動線梯間

兒子房 ── 兒子房起居室

衛浴空間 ── 神明廳/戶外設備陽露台

設備平台 ── 女兒房起居室

女兒房 ── 主臥房/更衣室/主浴

長親房/衛浴空間 ──

主臥陽台/造型格柵遮蔽

隱私考量造型門廊

客廁 ──

開放式廚房/餐廳 ──

採光天井/綠化 ──

內玄關/客廳 ──

雅緻住宅團隊 ────────────────

● 建築設計｜陳正宏建築師事務所　　● 施工單位｜雅正營造

掃描 QR Code
看更多 ──→

未雨綢繆，和家族共築一間退休養老宅
宜蘭礁溪張宅

臺灣已步入高齡化的社會，人均壽命延長，如何「超前部署」規劃老年的退休生活，兼顧健康與品質，是現代人值得思索的問題，而在宜蘭礁溪這個景色宜人的所在，就有一個由感情深厚的家族合力打造的一幢退休共生住宅。

平時住在臺北的張先生，每逢空閒的週末就會去宜蘭度假。張先生說：「我很喜歡環境清幽的宜蘭，有時候一個月就去了 2、3 次，加上我們兄弟姊妹的感情很好，家族旅行也會辦在這裡。」而早在十幾年前，張先生便曾於臺電舉辦的綠能博覽會中接觸過劉志鵬建築師，他對於雅緻的獨特工法與「健康養生宅」的概念很是欣賞，默默在心底埋下一顆種子。隨著年紀增長，張先生開始思索退休生活的規劃，他說：「我不想去安養院度過晚年生活，我們家族的人也是如此，當時我就在想，既然大家都喜歡宜蘭，何不就在那裡蓋一棟房子呢？家人一起慢慢變老，也互相有個照應。」於是，種子萌芽生根，張先生帶家人聽了兩次的雅緻導覽說明會，因劉建築師與雅緻團隊態度誠懇，且預算公開透明，故放心地委託我們造屋。

張先生有 10 個兄弟姊妹，加上各自的家庭與子女逾 20 位成員，因此在空間格局上，將雙併透天宅的 1 樓打通成一個開闊空間，且特別規劃了約 20 坪大的餐廳，讓家族可以齊聚一堂用餐，凝聚感情，亦可招待親友，一舉兩得；2 至 4 樓則為各自的房間，並設有休憩的公共空間。在室內設計上，張家人喜愛鄉村素雅的風格，雅緻團隊的黃天麟設計師便採用無毒實木裝修，並添上少部分金屬黑色噴砂，使張宅予人簡約大方之感。張先生說，他平日住在臺北的老舊公寓，時有嘈雜的噪音與公共區域髒亂的困

（12）落葉歸根，在鄰房左右夾雜下營造採光通風的好宅！─ 臺中北屯王宅 &
（13）未雨綢繆，和家族共築一間退休養老宅 ─ 宜蘭礁溪張宅

211

擾，傳統 RC 宅還有頂曬及漏水的問題，居住品質堪憂；然而入住後，由於雅緻工法解決了前述頂樓的問題，且房子不易反潮，相較以往，他的感冒次數減少許多。

在家族合力造屋的過程中，要整合成員不同的意見，其實是一個大工程，不過有張先生這個中心人物的主事，使得工程能夠有效率地進行。雅緻團隊造屋在結構體工法已臻成熟，使得工程初期進行地非常順利，但七代宅研發初期，在空調、室內裝修及通風換氣的整合方面尚有不足，因此衍生出管路產生細微聲響的問題，需要後續去處理及改善，因而導致工程有所延宕。故在工程完成的初期，張先生須擔起責任與家族成員溝通、協助解決問題，著實費心，所幸入住後成員們予以正面反饋，亦感謝張先生對雅緻團隊的勉勵。

值得一提的是，張先生為人慷慨，在張宅後方有一塊多餘的田地，他無償分享給當地的農民耕種稻米。張先生笑說，每當假日回來，鄰居不時贈予有機蔬菜，而平時不在家時，農民就猶如保全一般，幫忙巡地顧房呢！張先生不免感慨地說：「大都市的人較為冷漠、防備心重，但宜蘭的鄉親純樸又有溫度，見到人總是熱情地揮手打招呼，充滿人情味，這也是我們為什麼想要在此定居的原因之一。」他又道：「而且臺北房價高昂，若要買房，1 坪至少要 40 至 50 萬起跳，但現在回過頭來看，蓋雅緻宅 1 坪卻只要 12 萬左右，又能自由規劃想要的格局，相比之下，還不如自己蓋！」

由於工作因素，張家各兄弟姊妹平日仍居於臺北、新北及桃園等地，假日有空才回去，返家後便輪流忙著打理環境、照料戶外的花花草草等。張先

生打趣地說：「理想的生活都是騙人的啦！日子可沒大家想得那麼愜意啦！」聽著聽著，張先生說，要分享的故事太多了，一時半刻也說不完，語間仍透露著一絲愉悅與驕傲。我想，幸福不就是由瑣碎而平凡的生活點滴累積而成的嗎？還有什麼是比一個感情深厚的家族白首偕老、共度此生來得浪漫呢？

①　傢配 1F.L
　　1 : 100

②　傢配 2F.L
　　1 : 100

③　傢配 3F.L
　　1 : 100

④　傢配 RF.L
　　1 : 100

雅緻住宅團隊 ────────────────────

● 建築設計｜陳正宏建築師事務所　　● 施工單位｜雅朋營造
● 室內裝修｜宜風室內裝修

掃描 QR Code
看更多 ⟶

蝸牛住宅與斑馬公寓

14 三代同鄰的小斑馬公寓
臺南東區謝宅

某次的南下訪問之旅，劉建築師又帶著小編來到了臺南東區，外觀簡約典雅的謝宅，其內卻含藏了許多動人的故事呢！

聊到謝太太與雅緻住宅相遇的緣起，她笑說，她年輕時就很喜歡收看日本住宅改造的節目，蒐集了許多的資料，對自己的家早有一幅描繪好的藍圖，因此在 20 多年前，她就開始物色並買了塊生活機能方便、空間大小合適的土地，作為她與先生的退休養生宅。2011 年，她在網路上看到了劉志鵬建築師介紹仲鋼構綠建築影片，印象深刻，她說：「許多著名的建築或豪宅多著重在設計亮眼的外觀、奢華的內裝及大而無用的空間，但我想要蓋的是一棟安靜舒適過日子的好宅，而劉建築師的建築理念，正是我所嚮往的。」

2015 年，謝太太遠赴高雄建材展，因緣際會下，接觸到劉志鵬建築師與雅明營造的林紫鈴經理，並進一步參加新營的導覽並參訪了新營陳宅，謝太太說：「那時我感受到劉建築師與林經理態度誠懇、踏實，就連你們新營的業主陳先生也給人一種認真實在的親切感。」正因相信著彼此磁場很對頻，謝太太堅持委託雅緻團隊造屋。當時謝太太請劉建築師設計 2 樓式斜屋頂的工程，1 樓以生活空間為主，2 樓規劃兩間客房。

2016 年適逢高雄美濃大地震，引發臺南維冠大樓倒塌，臺南其他地區災情亦十分慘重。謝太太嚴肅道：「那時我兒子住在隔壁巷 RC 宅，但是那次地震後，房子雖未倒塌，但店面式型態的 1 樓空間，整片玻璃牆都龜裂了，看得我怵目驚心，我才發覺只有我自己住在安全的房子是不夠的。」

她更意識到，再詳盡的大數據也無法預測天災的到來。

正因如此，謝太太重啟了與雅緻的連結，將原先住宅的設計規劃改成類新加坡公寓式設計。在家的空間規劃上，謝太太很有想法：「我聽過太多大家庭同住所產生的齟齬，諸如婆媳或妯娌問題層出不窮，但其實這些問題多來自於不同的生活習慣與未保有個人的隱私。所以對我而言，家的空間與格局是硬體，家人之間的感情則是軟體，硬體與軟體搭配得宜，家庭才會圓滿快樂。我始終相信，能夠成為一家人是一段很難得的緣分。」故在謝宅的規劃上，1樓是停車場，2樓是謝先生夫婦的生活空間，3樓則留給大兒子一家四口，4樓留給小兒子，家人同居一房，彼此互相照應，但同時又保有各自的獨立空間，而這也是劉建築師理想中「三代同鄰」的小斑馬公寓原型。

這座小斑馬公寓對當時的謝太太與雅緻團隊來說，都是一個嶄新的挑戰。謝太太笑說：「自立造屋的人要有很強大的心智和信仰，因為這漫長的過程中有太多的眉角與細節，親友容易擔心，但是無論如何都要堅強與樂觀地面對。我想，建築師、營造方與業主的三角關係，其實就像家庭關係一樣，需要信任、經營與維護，有了良好的溝通與累積的默契，自然就可以避免糾紛。」細數謝太太與雅緻宅綿長的緣分，造屋過程雖一波三折，最終仍圓滿地完成謝太太心目中的綠好宅，我在一旁看著謝太太滿足且欣慰的神情，深深地感到與有榮焉！

① 傢配 1FL
1 : 150

② 傢配 2FL
1 : 150

③ 傢配 3FL
1 : 150

④ 傢配 4FL
1 : 150

⑤ 傢配 P1FL
1 : 150

雅緻住宅團隊 ——————————————————————————

● 建築設計｜陳正宏建築師事務所　　● 施工單位｜雅明營造

掃描 QR Code
看更多 ——→

15

汰換老屋，孝順的兒子以父之名築家園！
彰化埤頭陳宅「水龍居」

彰化埤頭的陳先生一家，早期居於傳統的三合院，屋齡已逾 60 年的老宅，時有漏水、逢日曬悶熱不通風的困擾，且廚房、浴室設備老舊，使用上相當不便。孝順的陳先生，有感於父母日漸年邁，為了給家人更好的居住空間，便決定買下鄰地欲自築家園。陳先生說：「某一年我去世貿建材展接觸到雅緻的工法，對劉志鵬建築師的綠建築理念很有興趣，因此偕同妻子遠赴宜蘭參加導覽說明會，實地參訪工地後很有信心，又細細研讀劉建的《愛・幸福綠好宅》，與家人商議後就委託雅緻造屋。」

陳先生表示，造屋的過程中無論是溝通或施工都相當順利。他特別提到：「入住的第 2 年左右，適逢颱風侵襲，屋頂的水槽被颱風吹掉了，我正苦惱著如何修理善後，沒想到雅明營造林紫鈴經理就用空拍機巡視發現此問題，二話不說便趕來處理，這樣貼心又負責的服務態度，讓我們非常感動。」

陳先生平日因工作與妻小居於北部，但逢假日就會回家陪伴父親。如今入住已 6 年有餘，陳先生對雅緻宅的斷熱效果讚譽有加，冬暖夏涼，家人都住得很滿意。他還說，每到 3 至 5 月回南風之際，一般 RC 的 1 樓地板會反潮，相當困擾，但雅緻宅至今都未有結露、反潮的問題，在家有長輩的安全考量上，讓他很放心。而陳先生提到年邁的父親，其語氣顯得更加溫柔：「我爸爸很喜歡你們蓋的房子，他常窩在客廳裡，還向我炫耀他一年到頭都沒開過冷氣呢！」

猶記得我跟隨劉建築師南下訪問的那一天，走到陳宅的大門前，便看見以

陳爸爸來命名的「水龍居」題辭，如此的巧思是陳先生孝心的體現。當時笑容可掬的陳爸爸，身體看起來十分硬朗，熱情款待我們，在我們臨行前，更贈予他大兒子經營榮豐牧場產的土雞蛋聊表謝意，其實對於雅緻團隊來說，看見屋主住得舒適，便是給我們最大的鼓勵與回饋了。

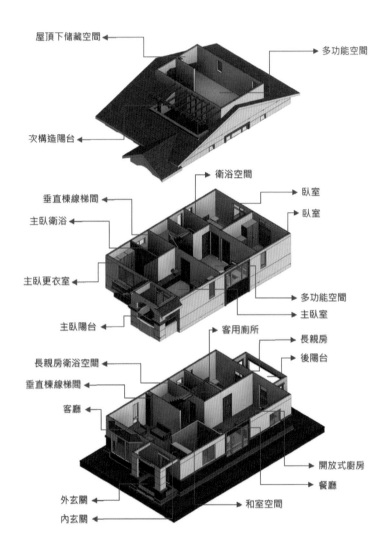

屋頂下儲藏空間

多功能空間

次構造陽台

衛浴空間

垂直棟線梯間

臥室

臥室

主臥衛浴

主臥更衣室

多功能空間

主臥室

主臥陽台

客用廁所

長親房

長親房衛浴空間

後陽台

垂直棟線梯間

客廳

開放式廚房

餐廳

外玄關

內玄關

和室空間

雅緻住宅團隊

● 建築設計｜陳正宏建築師事務所　　● 施工單位｜雅明營造

掃描 QR Code
看更多 ——→

蝸牛住宅與斑馬公寓

寫在後面

LESSON 48
價值觀與對的設計

一回一位友人及其住在鄰近社區上億豪宅的朋友來作客，想了解我們所謂的防災健康宅，其中談到我們的房子不會反潮，在冬天時不需使用除濕機可以維持乾爽，這位客人則回應說，他們的豪宅也是不需要，因為他們房子的地板都是鋪有每坪要價上萬元電熱板，而讓它們夫妻倆喜歡居住的房間，竟然是地下室的豪華佣人房，因為地面一、二層房間並不舒服，對於這樣的說法我也只能加以尊重。

對一位年輕建築師在提倡所謂的現在建築美學，而從房屋總價年輕人的獨立自主空間切入，在地區建築業開創了一片新風潮，我在三十年的經驗上，對於建築物的耐候或是使用維護問題，有較保守的觀點，因此我重視的點也有所差異，我曾向其陳述，在建築設計觀點上雖然有多元的方式，但當有著使用者及氣候等要件時，建築設計上就有存在著對錯的判斷，例如有高齡者或小孩，那麼地板最好不要用堅硬的地磚或是石材，例如臺灣北部有強颱、雨季豪雨，在平面屋頂或是女兒牆、線板的一般滴水線處理，其實不利於外觀維護，甚至是日後容易造成滲水的問題，而對於建築造型處理在建築物理問題的回應，生活使用上的考量，在陽臺、遮陽板、窗戶開口的目的功能，活動、遮陽及導風、通風、換氣方式上的處理，其實是重於美學形式上的。

以下是幾個正向的前因考量：
一、服務建議書對整體空間、費用、時間上的思考。
二、在建築送照前的初步預算提出檢討，對主要工程費用掌握的助益。
三、建築設計在空間定案前，在結構、水電、室內設計、戶外景觀的考量

檢視。

四、建築設計初期，在對基地環境條件包括聲音、光日照、熱氣、水、電、排水、廢氣污染的檢討。

五、後面工項驗收前面工項的管理機制。

六、使用長期合作配合的營建團隊，可以減少工程介面溝通出入及現場瑕疵問題及確保後續維護的落實。

LESSON 49
物勒工名與新營造精神

臺灣營造業在台積電廠房重大工程及外勞短缺，年輕人不願屈就勞力市場，模板工、鋼筋工缺工情形非常嚴重，連帶地提高營建費用成本，這與日本基礎技術人員不引進外勞，並且提升技術層次，從而維護技職職業尊嚴還有相對合理報酬，反觀臺灣不僅在基礎勞力人員的短缺外，在中階管理面的人才也是極度的不足，因為報酬不對應而且培養時程長，對年輕人而言不願投入學習，寧可屈就在低薪服務業方面。

我常提及一個建築師是無法完成工程的，一條龍的服務，需要每個階段、每位同仁的合作分工來完成，所以這個團隊除了構造工法、軟件及體制外，還要有彼此相互尊重跟認同的夥伴來形成一個團隊，在這方面雅緻成立的前面四年，彼此成員對內的磨合還有對外的合作，建立了未來發展的基礎，在家庭世代交替從業的文化特性，現有成員中已有二代加入團隊，在此我從人物的側寫方式讓大家知道他們存在的價值與意義。

對業主來說，怕工程品質出問題或是工程發生糾紛，其實工程相關係人對狀況認知的落差，絕非是一夕之間形成，而是有許多的前提，只是彼此沒有經驗、基於善意或是認為對方應該是會如何而忽略了，當時效過了，問題多了，難以理解溝通，甚至是因為受到非關係人負面資訊的影響，衝突便會發生。

工種減少就可以減少介面太多的問題，包括交接驗收糾紛及清潔維護管理，並且將低危險及粗重勞力工種的需要，技術性複雜、不易培育訓練或是管理的工種，施工降低危害，並提升工程效率，例如模板工的技術較為

複雜粗重，崩塌鐵定危險，改以 3D 牆的施工，工程人員年輕化，降低危險職災。

我在建築師的職場上多年，深知臺灣地區營造文化的問題，設計施工的切割，大包轉小包轉小工，鬆散的臨時性組成，介面問題多，當然很難提升出好的產品，「物勒工名，以考其誠，功有不當，必行其罪。」「物勒工名」制度是中國封建社會早期階段手工業生產管理模式的具體反映，對提高手工業產品質量有重要意義。如何建立現代臺灣營建產業的尊嚴與價值？誠信、專業、效率、整齊、清潔、迅速、確實，我想這是新營造的精神所在。

LESSON 50
平實的價值 — 只是要蓋個好房子

我理解，有夢最美，築夢踏實，追求時尚的好房子是人們重要的期待，人們參考著百大豪宅或是時尚建築雜誌，構思著心中的住宅意象，這些引領人們潮流的美感及深富創意的空間品味，泰半來自於創作者或是攝影者的角度，雖有著精緻的景觀，豐富的光影效果，賞心悅目的視覺效果，頗具空靈的幻境，人們嚮往追求，一切都顯得理所當然，但是真實的結果是如何呢？

這個看似滿足許多人欲望的背後，所未傳達的是經濟、時間、能力、使用、安全、實用、維護面向的問題。俗語說：「起厝按半價」，蓋個房子少活了兩年，把自己搞成像一個建築師，去了半條命！在斷捨離、環保意識抬頭、以健康永續為訴求的好宅觀來看，這是兩個背道而馳的思維。

在個人主義意識為主的現代生活文化，人們可以認真地思考確切的需求，可以限縮一些不切實際的欲望，可以不那麼隨興地放任奢求，慢半拍地想著，生活真的需要嗎？夠用就好！其實也還好！平實，其實這就是一個好宅的根本，用健康飲食來比喻的話，重點在必要的主食，而不是變化多端的副食品，用心去思考！什麼是您真的需要的空間，是您適合的花費，是您有能力去處理，是屬於您的好宅！

每個人都是主角，每個空間都是生活，可及，有能力，值得去努力，好好為自己建造一個適合的好宅。然而多數人的能力及周邊的資源是有限的！這本書最終我想表達的是，人們該如何蓋自己的房子？貼近自己的生活所需，讓自己與家人樂於一起相處，裡外柔和的聲、光、熱、氣、水，回到

平實的本質，捨得才能擁有，有緣的話，讓我們來為您打造一個好宅，也願「住者有其屋」不會只是一個夢想。

開啟美好生活的鑰匙
一 雅緻宅的正確使用指南

雅緻住宅在完成交屋時，除了相關文件外，也會提供完整的工程圖冊及施工照片紀錄，以作為業主日後使用維護上的運用。另因構造上的特性、使用習慣或是將來房屋所有權人有所異動時，為了可以讓相關係人得以了解，避免發生使用、維護方面的問題，以下是雅緻宅正確使用的指南。

有關地溫空調的使用方面

※ 地溫空調進風口控制方式，原則上夏天請封閉南側、西側進風口，冬天則關閉北側及東北側進風口。

※ 地溫空調系統之殺蟲處理

建議每半年使用一次水煙式（水蒸式）殺蟲劑，使用時關閉系統，且人員勿留在室內，完成殺菌後，啟動換氣一小時，再待在室內。（小斑馬架高地板住戶，亦可以此上述方式處理，地下室室內型地溫空調系統者則不用處理）

※ 原則上地溫調節所使用的木炭，選用高溫炭為宜，做為調節濕度使用，不需要更換，也沒有粉末污染及火災燃燒方面的問題，若是空氣清淨過濾的活性碳，是在有農藥或工廠化學廢氣等周邊環境，需要加大空氣調節口的處理，並放置較多的活性碳，建議每半年更換一次活性碳。

送排風機的使用方面

※ 排風機之清潔維護

送風出風口的過濾網每月更換一次，並選用適當密度的過濾網。

※ 排風機內部的過濾清潔，經常居住使用請每二個月清潔一次。

設備使用維護

※ 熱泵熱水器的排氣切換

若使用熱泵熱水器，須注意冬、夏季換季時的排風切換，機器加熱時會產生冷空氣，夏天請往室內地面排放，冬天則請切換排放到室外。

※ 熱泵溫度可視冬、夏季調整設定溫度

一般瓦斯爐及熱水器區分成自來瓦斯及桶裝瓦斯，因瓦斯壓力差異，請選擇適用機型，濾網更換及維護，請按各產品保證及維護服務處理。

其他使用

※ 有關使用執照合約書圖及施工紀錄照片，建議妥適儲存相關檔案，以便使用維護時之運用。

※ 入住時，請確實詢問相關設備的電源開關、無熔絲開關的位置及使用方式，了解水源開關、汙水排氣口、室內外線出口留設位置。

※ 雖然本建築構造工法壁板體不易產生反潮、結露，但臺灣氣候潮濕，仍須保持室內空氣的流動及牆角定期的巡視與擦拭，防止些微黴菌滋生。

※ 甲醛

若有使用健康實木的櫥櫃或是貼皮家具裝修，請於入住半年期間，經常保持櫃扇的開啟及室內的換氣，以降低有毒物質的留滯。

※ 窗戶玻璃結露處理

因為牆體的斷熱性高，相對地，冬天時窗戶若不是雙層玻璃，會明顯有結露情形，這是正常狀況，雖然需擦拭冷凝水，但寧可運用這個物理特性來降低室內溼度，保持乾爽及較好的體感溫度，如若氣候連續高濕度數日，窗戶結露較為嚴重時，仍需引入地溫空調之外氣，並以空調除濕來降低室內空氣濕度。

※ 壁紙更換

　本建築構造具有較好的室內溫、溼度調節性能，所以對室內牆面、飾材（包括油漆、壁紙等）的水化影響較小，可延長使用效期，但是仍須考量材質長期使用後的自然質變，建議約十年檢視更換或維護一次為宜。

　請注意日照、風向、方位及進、排氣口位置。

※ 颱風季節前，注意陽臺落水頭的清潔。

※ 室內水性漆及壁紙餘料的留存備用。

業主自行裝潢案件之處理及使用提示

※ 送排風口的正確配置及使用方式，宜與本公司聯繫諮詢。

※ 室內排氣孔或抽風機的安裝，請以該室內最高位置為宜，若有安裝全熱交換機，其送風口及回風口應該要注意保持對角遠距，避免太近而形成短路，且須注意開孔大小，以確保效能。

※ 窗簾材質選用請以斷熱窗簾為宜，且需要交疊窗戶周邊範圍。

※ 給水管路及震動機具安裝（如空調主機、副機、抽水馬達、水塔），若直接固定在牆板構造，請加裝彈性墊片，以避免震動傳導音響。

※ 若在建築外側有安裝任何需要破壞防水層構件時，如招牌、遮棚、監視器，請注意因颱風造成的破壞或風壓滲水，若有較大荷重，請固定於鋼骨架上螺絲、螺栓構件，亦請以彈性膠材填縫，並在外側加封蓋為宜。

※ 裝修時，請確實確認牆面給排水管路位置，尤其注意空調室內機的排水管，以避免破壞造成漏水情形。

※ 室內磁磚、地板鋪面，周邊應留設足夠寬度的伸縮縫。

※ 套房浴廁請注意門扇是否有通風百葉，如果房間另有抽風機排風，則勿設置百葉，以避免穢氣進入房間。

※ 有裝阻尼器的用戶，請注意一層周邊伸縮縫彈性空間的維持，避免直接貼密，影響地震時的能量釋放。

※ 3D 鋼網牆的室內粉刷作業，一般會配合內裝需要高度來處理，甲方如有不做天花裝修時，在浴廁分間牆隔音方面要完整，避免有音孔產生，尤其應在管道間及插座出線周邊確實填漿。

居住使用注意事項

※ 屋頂、陽臺、廁所防水層的檢查及維護，基本上所有的防水材幾乎都不耐紫外線的長期照射，所以上方需有遮蔽物。有經常性日照位置，最好每年定期翻開遮蔽物，檢視有無脫膠、變質，若有上述情形，最好在雨季前加以檢視、填補。

※ 屋瓦、天溝固定件的檢查，最好在颱風季節前加以檢查維護。

※ 水箱的定期清潔，基本上自來水給水系統有加氯，以抑制細菌滋生，但是置入水塔水箱後，則呈外暴露情形，所以水箱不宜過大。如果長期停用，恢復使用前，請加以檢視及清洗，如若維持正常使用，則每年定期檢查一次為宜。

※ 外露欄杆蓋孔的檢查，一般欄杆安裝後，螺絲孔上會有蓋板，請每年定期檢視蓋板上方的填膠有無脫落或需要修補。

※ 請每年定期檢視浴室排風機的清潔，以免影響排風效能。

※ 請定期清潔牆角及窗簾背面，並做好防潮處理，尤其是冬季過後。

※ 請每半年定期檢視排水管路存水彎，並清潔毛髮及污垢。

※ 基本上所有空氣清淨設備都是同樣的觀念，若有使用就不要長期停用

（四日以上），若有長期停用，再度使用前請先行清理。原則上，空調機濾網以每年冬、夏季第一次使用前加以清理為宜。

※ 建議購置簡易的空氣品質檢測器，居家佈置只要有所改變時就加以量測，例如添加櫥櫃或是物品，尤其是注意二氧化碳濃度及甲醛數值，可以避免病態建築環境的產生。

※ 所有固定電力管線，電氣設備檢查維護更換，均需注意先切斷電源為原則，如有疑慮，請聯繫公司協助處理。

※ 廚房汙水排放因油脂堆積皂化情形，如有發現排水速度明顯變慢（一般約四年使用），建議以熱水或是管路清潔劑定期清理，以免嚴重阻塞。

※ 請於每年颱風季前檢查清理房屋排水陰井。

雅緻工法施工期間構造相關特性說明

3D 鋼網牆為片狀方式構材，基本上牆面及屋頂板料會在廠房按訂購備料尺寸裁切，其餘會在現場零星裁切，結構性部分以按施工標準規定施作，EPS 板料間會有縫目是正常情形，鋼網搭接部分須按規定處理，噴漿厚度足夠時，並不會因為管路施工或是 EPS 板間縫隙而影響結構性。

雅緻樓板由小區塊組成，主結構是 H 鋼梁，次結構為倒 T 鋼梁，澆灌輕質混凝土後，在上方鋪設點焊鋼網及砂漿，其中倒 T 鋼梁位置的砂漿，因收縮及受力產生的裂縫，為自然的能量釋放，並不會影響結構安全。

3D 鋼網牆的室內粉刷作業，一般會配合內裝需要高度來處理，甲方如不做天花裝修時，在浴廁分間牆隔音方面要完整，避免有音孔產生，尤其在管道間及插座出線周邊填漿確實，而鋼梁收邊或是牆角收邊、管路收邊的方面，若因外露結構方式需要特別處理，則應增加費用或是合約內應具體

載明特別要求，以避免工程認知有出入而造成糾紛。

牆壁粉刷微裂縫是水泥砂漿粉刷層剛性薄片狀態，在地震力或是施工期間震動，又或是氣候熱脹冷縮後會自然產生，該微裂縫並不會影響外牆滲水或是結構安全，從外觀來說，宜選用壁紙或是彈性漆類塗裝方式，可避免影響視覺效果。

建築施工期間，在屋頂、外牆、陽臺、露臺尚未完成整體防水前，若因排水管路尚未納管或是局部積水的滲入或虹吸滲透情形，並不影響建築構造材料，也不算是有滲漏水方面的問題，請毋須擔憂。

有關業主自辦事項經常產生的問題及服務因應方式
雅緻工程服務係以對甲、乙雙方互利及維持工程順利為主軸，原則上甲方有權自辦與工程有關之內容，但其工程管理及作業費用給付需利雙方進行為之。

以下是一般甲方自辦內容須配合乙方之事項：
一、建照有關規定之配合。
二、使照取得必須完成及勘驗內容配合。
三、與工程保險、工料稅金發票處理之配合。
四、與工程銜接介面處理有關之配合。
　　1. 防水破壞（外牆、門窗施工破壞防水層，陽臺、露臺磁磚施工破壞防水層）
　　2. 粉刷面層（粗細底方式、厚度、高度出入，造成後續工程施工意見、平整度爭議、梯面高度不同等問題）

3. 物件保護與受損（洗石子、門窗、欄杆、馬桶、金屬檯面面層受損問題）

五、工期進度調整與管理成本反映。

乙方提出之預算書，概經過廠商物料訪價作業，方式、規格、大樣圖說作業準備，甚至是訂金給付，因此若進行中改為自辦時，需補貼作業費，若只提供物料，則物料不負責品質及保固，若代工安裝及作業協調，則需付此部分之費用。

業主自辦項目之料、工、管、責的區分方式及作業費用原則

一、門窗部分，若由業主自辦，物料進場後，廠商會負責搬運、吊、裝，固定、填漿及防水材料由廠商自辦，安裝後之保護及保護拆卸須確保不破壞外牆防水，相關清潔垃圾處理、進場及施工均須受乙方管理，本項作業乙方不負責品管及施工監工，亦不負責材料是否受損情形，乙方工程管理事宜以門窗工程與建築工程進行相關協調事項為度（如安裝位置、進場時間通知等），費用以原合約門窗金額 3% 計算。

二、磁磚部分，若由業主採購，進場後交由乙方管理及安裝，乙方不負責品管，廠商送貨以送到工地主任指定位置，並須提出施工大樣圖，材料管理費以磁磚金額 5% 計算。

三、衛浴部分，若由業主採購，進場後交由乙方管理及安裝，乙方不負責品管，廠商送貨以送到工地主任指定位置，並須提出施工大樣圖，材料管理費以材料金額 5% 計算，若有因為建照審查需要重複施工時，該拆裝費用另計。

四、外牆塗漆部分，另提供報價；至於外牆磁磚部分，待確定樣式後，再行後續事宜。

其他事項

一、 水電管路以完成至原合約內容為原則，若有涉及使照申請需變更內容，請與設計單位檢討，並經同意與確認後，原則上以後面承接單位施工為原則。

二、 室裝設計若對地板、牆面位置粉刷厚度有調動或是五金埋設之需要，需在粉刷填漿施工整平前，提供相關施工大樣，明確告知標高及洩水方向等內容，否則不予受理。

三、 乙方執照取得通知甲方後，內裝工程方能正式進場，以避免二次現勘責任歸責問題產生。

四、 若變更作業涉及工期影響部分，需另行提出工期期限計算之調整情形。

打破砂鍋問到底
— 雅緻宅的Q & A

Q：請問雅緻自立造屋是什麼樣的服務？

A：隨著農地釋出，想從都市叢林遷移至鄉村的人越來越多，有天有地能擁抱著自然環境，這是不少人的夢想。一般人自購土地，並從設計到施工，以自己的主張來完成，這樣的方式皆可稱為自立造屋。

這樣的方式對大部分的人來說都沒有經驗，所以過程中往往出現了不少的糾紛或是問題，現在法令及營造過程越趨複雜，由專業的團隊來協助是必要的方式。

雅緻在宜蘭發展重劃區內「簇群合院自立造屋」已有相當的時間跟成果，我們經由土地的專業規劃，將區塊土地加以規劃切割成較適當的土地大小及形狀，並且以綠建築及社區營造為重心，結合想要優質的鄰里關係及綠建築房屋的朋友，共同來打造自己理想中的自宅。

這是一種不同於傳統預售屋或是個人買地自建的方式，「雅緻專業協力造屋」係以居住者為中心，就土地位置、鄰里關係、建築形式、建築施工及營建時程、經費有所主張，透過專業造屋團隊的協助，降低工程糾紛、運用自宅工程合法節稅、適度管控自有資金條件；運用個人信用資產，取得土建融資，除了降低風險也減少不必要的建設管銷支出。

透過協力造屋來進行社區營造，將幾戶的戶外環境共同討論，如何相

互約定使用，來形成生態綠美化及資源回收所需的環境及設施，透過平實的居家生活，自然而然建立良好的鄰里關係，也可以免除不必要的鐵窗還有圍籬。這樣的環境除了簡約、經濟，自然散發出輕鬆、樸實而親切的生活氣氛外，也會對住宅的保值有相當的助益。

有很多人想逃離都市混雜擁擠的水泥叢林，嚮往低密度優質的居住環境，但不喜歡建設公司高密度的開發及天價，希望能按自己的想法，找到適合的區位、鄰居，蓋適合自己需求的建築坪數及格局，更希望免除面對土地買賣規劃及房屋興建方面問題的恐懼。

有興趣可以透過「專業協力造屋」的方式，經由諮商尋覓區位及土地，用自用住宅的名義，不會產生營業稅，除了可以省下不少的費用，也可以避免因為不懂法令及營建工程而產生風險。

Q：請問雅緻自立造屋在土地階段有什麼樣的程序跟內容？

A：土地階段的程序跟內容包括：

程序方面：

一、接洽：就自立造屋的服務案例參觀及內容了解。

二、要約：就個案參與土地及開發細節了解與相互要約。

三、簽約：就相互要約確認參與與服務及土地買賣合約簽定。

四、備證用印：就土地賣方相關文件備齊及用印確認。

五、貸款或尾款過戶：土地買賣完稅後尾款給付及完成過戶。

內容方面：

一、就土地地籍圖、土地登記簿相關基本資料登錄事項的了解。

二、就土地法規及規劃說明的了解，尤其是相關分戶的地界，私設通路範圍，共同持分土地情況的了解。

三、相關土地鄰里關係約定內容的了解。

四、合照申請的情形及法院公證需求的了解。

五、就土地買賣時程及內容的了解。

六、就土地自備款貸款比例及方式的了解。

七、就後續服務案例資訊的了解。

另，土地 500 萬、建築及其他 500 萬，自立造屋總費用為 1,000 萬，而自備款僅為 200 萬元時，第一階段土地自備款 150 萬沒有困難，雅緻提送之核貸土建融為 350 萬加 225 萬，合計為 575 萬，加上自備款 200 萬，合計為 775 萬元，尚不足 225 萬元。

做法上，雅緻會協調銀行處理信貸約 100 萬元，並在 875 萬元內完成使照申請的相關工程事項，待轉成房貸後，銀行可以將總貸款額提高到 800 萬元以上，這樣就可以順利完成。

Q：請問雅緻自立造屋在土地階段要注意哪些重點？

A：土地階段是啟動自立造屋的開始，也是成敗最重要的階段，因為一般說來，重劃區裡操作自立造屋時，土地價格往往超過建築費用，所以土地如果買錯或是買貴，那麼後面就不會太平順。相對的，對於主持自立造屋的單位而言，如果只是要把土地賣出去，而不嚴選客戶，那

麼整個自立造屋要進行就比較容易出問題，後面狀況也會比較多。

對於參與者而言，優先注意的重點有：

一、居住區域的選擇，是否真的喜歡，家人對於工作、居住品質與服務機能的關係，要能充分達成共識。

二、土地價格，土地的未來保值、升值情形。

三、土地及房屋的坪數、座向，大小、環境、視野、景觀，轉用辦公商店或是安靜吵鬧。

四、法令情形，細部土管規定，最小建築面積、建蔽率、容積率、前後側院退縮、其他特殊規定，停車、鄰棟間隔。

五、自立造屋單位主持誠信問題。

六、鄰里約定事項是否有經營、照顧。

七、土地款買賣財稅問題、買賣契約自備款成數、貸款核貸是否順利代書、代辦費用分攤情形。

Q：請問參與雅緻自立造屋需要準備多少自備款？

A：參與雅緻自立造屋的自備款額，通常以土地建築總費用的 25% 以上為宜；一般銀行的土建融資是以土地的七成、房屋的五成為度，雅緻通常會視參與者的狀況來處理，如果自備款不足，但還款條件沒有問題，會請銀行搭配部分信貸，或是在最少的經費，先行完成使用執照及保存登記，在轉為房貸時，再爭取後續的裝修、景觀、設備費用，以便讓工程順利完成。

Q：在土地階段的付款及貸款情形？

A：在土地階段的付款及貸款情形，通常自備款為土地價款的三成，七成為土地貸款；在土地要約時，會收取約 30 萬的要約金，正式簽約及用印時，再分別收取約一成半，合計三成的自備款，其餘則視參與者的資金情形，可以以自備款給付尾款，不足再由銀行提供貸款；通常這部分雅緻會視參與者的狀況一併提出土建融資，按這樣，在建築部分就可以減少一次的銀行貸款審查及設定費。例如：土地價款若為 500 萬元，則要約時 30 萬，簽約及用印各為 60 萬，合計自備款為 150 萬，土地貸款為 350 萬。

Q：請問參與雅緻自立造屋一般可能會發生的狀況有哪些？

A：按目前實際的操作情形，在土地階段決定位置後，會發生的狀況有：

一、家人對於區位上的意見，因為分發到外地服務而要在他鄉成家立業時，家人的立場問題，或是在選擇以服務機能或是環境品質問題上的意見出入問題。

二、對於自備款不足的問題。

三、對於自立造屋與成屋方式不同的疑慮。

四、對於綠建築的疑慮。（畢竟還是有相當比例的參與者，會需要長輩的資金協助才能順利進行）

五、在專案進行初期，對於總經費的範圍不清楚而產生焦慮。

六、各專案參與者彼此之間共同環境處理意見的出入問題。

Q：哪些可以採用貸款模式處理？

A：一般在土地貸款的時候，雅緻就會以土建融資的資料提供給參與者處

理貸款作業，在土地款部分，於土地完成過戶後就核撥並開始計算利息，建築部分則須按實際的施工進度，經建管單位勘驗及業主簽認才會核撥並且計算利息。

一般在土地與建築施工期間，會有部分的費用需要處理，包括代書費、建築設計費，如果因為有物價波動的情形則視是否須預訂鋼料，另外工程簽約在鋼構施工方面，通常會有簽約金的情形，所以參與者仍有部分的自備款是較適宜的。

一般說來業主自備款如果有差距，我們會看業主薪資狀況及還款能力，真有差距不會鼓勵，參與差距不大，會請銀行配合處理部分信貸，在土建融期間，因為還不是所謂的不動產，所以仍是屬於動產類別的信貸性質，但是利率約在 2.5% 上下，仍屬於低利率情形，而這部分雅緻僅屬於服務性質，協助參與者辦理貸款作業，參與者有絕對的權利選擇銀行自行處理。

Q：請問營造工程管理費的收取方式？

A：關於工程管理費的收取方式，目前雅緻綠建築在標準化提供業主住宅的開發期階段，在預算製作上，基本上是以實做實算的精神、合理價的方式來管理發包。

我們按業主的工程特性及工程管理的成本，以比例方式來收取，在鄰近工作站四戶以上的工程約為 10%，單戶或是距離較遠或是要求常駐監工，則會視實際情況增加比例。

工程預算的製作主要是以電腦合計，加上累積的工程結算損耗係數等，對業主及下包採同一預算資料處理，工料費用以公司常態採購發包登錄；有些業主因為不明瞭工程進行中，預算製作、發包採購及管理協調，還有後續維護的作業等，都需要耗費相當的人事作業，也常誤將外界總價承攬方式來互為比較，所以會計較於管理費的收取。

其實沒有將研發成本及合理利潤部分加諸在預算書內，是雅緻現階段操作工程服務的原則，我們不論業主是否具有相關專業的能力，以一定的作業程序來維持永續經營的服務機制，這是目前雅緻的做法，提供給大家參考。

Q：請問雅緻自立造屋服務建議書的內容是什麼？
A：住宅工程綜理服務建議書
　「雅緻團隊」是一群對住宅事業有熱情、有使命感，具實現大眾優質居家理想，從事土地開發、自立造屋，到設計、施工、建材設備的系統整合及綜理的服務，我們將以專業及誠信的態度來為您服務。

就住宅工程的造屋過程來說應該是喜悅的，為避免工程糾紛的發生，且在作業效率與品質間能與業主建立良好的默契，我們希望透過系統化的作業，將過程讓業主盡可能的理解，也會透過簡便的工具讓業主與作業人員的互動良好。因為工程的內容繁雜，且在設計圖的理解能力及工程品質的認知常有落差，所以下列作業意見請加以瞭解：

一、為避免事項交代時有遺漏或事權不清，請業主務必確立由何人擔

任決定者，我們將會以該決定者與我方的確認為依據，且會指定業務部一位專案經理為您的服務單一窗口，任何事情的交辦將以服務窗口的記錄為準。

二、本公司所採用的建築構造工法係為「AG住宅構造工法」，故而我們希望在業主對該工法的認識及過程均有充分瞭解及認同之條件下，接受委託綜理服務該工程。

三、本公司服務內容以造屋諮商服務階段、規劃設計階段及工程綜理管理階段等三個階段方式進行。

四、造屋諮商服務階段，為本公司業務部門負責，並且為服務單一窗口，進行基本問卷資料登錄，提供服務建議書、造屋進度規劃、造屋經費規劃及平面草圖為作業內容。

五、規劃設計階段，為本公司設計部門負責，服務內容為協助業務部門確認造屋相關法令及需求文件，在業主對於平面草圖及服務相關費用方式同意簽約後，進行平面配置規劃、建築格局設計、建築外觀設計、建築結構、水電設計，並進行建築執照申請，原則上室內及景觀設計我們區分為簡略設計及實質設計二個不同程度的服務方式，視業主需求來作業，基本上我們就服務內容操作預算書圖及處理法定監造。

六、工程綜理階段，為本公司工務部門負責，服務內容為協助業務部門確認基地施工條件及雜項工程內容，在業主確認工程預算經費內容後，綜理其工料及營造相關管理事務，負責使用執照取得及工程預算控管、工程品質進度的確保。

七、規劃設計及工程綜理階段，業主對作業內容若有任何調整，將由單一窗口以工程交辦單確認方式來做為執行依據。

八、我們秉持誠信提供服務，不收取回扣及灌水加價，所有收支個別登錄，並按業主擇定之稅務方式以憑證核實請款，就景氣不同時工料、工資變動情形，本公司以善盡綜理義務，盡議價與協調作業之專業，確保工程順利及效益。

九、初步建議本公司以建築、結構、水電設計、請照，以及結構施工至使照取得必須完成之工程為服務範圍；室內空間之設計、施工及櫥櫃、家具、設備、園藝、二工等，則不在本次服務範圍內。

十、本服務建議書僅作為案件初期，雅緻團隊協助業主建構服務範圍及概估費用，在雙方調整達成共識後以成為服務指導原則，再續行設計或工程之實質委託，非為後續合約之內容。

Q：請問 BIM 建築資訊模型整合系統的應用與介紹？

A：一、初期設計階段

初期設計階段建構設計圖說及 3D 實體模型，並可同步提供量化之各類明細表，以供施工單位製作服務建議書計算的依據，亦同時能檢討設計階段預算的控管，避免與業主實際預算有所出入。

二、設計發展階段

結構設計 3D 化，結合 3D 實體建築模型，能即時檢核建築與結構及水電是否有所出入，並提早發現問題，以避免設計衝突，減少施工中的問題產生，亦避免造成工期延長、增加施工成本等問題。

三、設計施工圖及預算階段

透過各階段 3D 實體模型建構與圖說同步的功能，搭配圖說標籤與標註，並提供施工單位更精確的設計施工圖說及各項材料明細於預算書的計算。

Q：請問 3D 牆可以像一般 RC 牆，鑽孔打入壁虎，壁掛物品嗎？

A：3D 牆以 4 公分厚、3,000psi 以上的防水、防火砂漿噴覆，打入壁虎後，強度足以支撐匾額、吊櫃、空調機等；但是空調室外主機、廣告招牌等受風較大或自重大的物件，則需與鋼骨主構架結合為宜。

Q：請問雅緻綠構造工法造價一坪約多少？有蓋日本木造軸組工法的綠建築嗎？請問造價一坪約多少錢？

A：一般三層樓單棟別墅，2020 年標準建材不含設計稅管每坪約 9-12 萬元，臺澎金馬都有服務。如果是主要工料，以日本標準方式處理，費用約 35 萬／坪，AG 七代則約在 10-12 萬／坪。

Q：是否能將太陽能供電系統跟雨水收集系統加入智慧綠建築？

A：可以納入，但視必要性方式且方式要正確。

Q：請問雅緻工法最高可蓋到幾樓？內部格局是否可調整？

A：本公司專利工法可興建 15 樓以下建築，屬鋼骨構造，造型、層高及格局彈性很大，隔間可調整，安裝電梯、地下室都可以。

Q：請問雅緻建築跟日式輕鋼構的差別為何？

A：日式輕鋼構為薄型鋼板壓製成 C 型鋼作為主構架，以乾式壁板組裝，輕、快速、標準化，但隔音、防火、防颱、造價等並不具競爭力，一般臺灣建築師及民眾接受度低。雅緻工法為針對臺灣氣候防災、健康發展 20 年的工法，屬於熱軋 SN 鋼建築用鋼，強度、耐候性均遠優於 RC 及輕鋼構，牆板體為 3D 牆，具防火、隔音、防潮、節能及不結露、

壁癌的特性，造價約為 RC 多一成費用。您可以到訪雅緻總公司七代展示屋參觀或提供聯繫電話，由各區經理為您介紹，參訪實際工程及已完工建案。

日式木構、輕型鋼構
V.S. 雅緻SN3DW工法

構造	日式木構	輕型鋼構	雅緻SN3DW
主骨架	木構造	C型冷軋鋼板	SN建築用熱軋鋼
牆板構造	乾式壁板	乾式壁板	外飾乾、濕式皆可
適用建築樓層數	1-3層	1-4層	15層以下
構造特性	防潮佳、防颱差、防火差、隔音差、造價高	施工快、防震佳、防潮佳、防蟻佳、防颱差、防火差、隔音差	防震佳、防颱佳、防火佳、防潮佳、防蟻佳、隔音佳、隔熱好、綠能運用、具換氣功能

註：是以雅緻工法的性能相對比較　　　　製表：雅緻住宅事業

Q：雅緻住宅建坪單價範圍約多少錢？有無既有之建築設計模板（含室內裝修的案例）可供參考？一般建地的建蔽率？

A：此問題較廣泛，原則上我司以服務合法案件 15 層以下建築為範圍，若是透天獨棟有標準型圖面可供選擇，費用方面要視個案情形及服務組合而訂，原則上相較一般鋼筋混凝土構造費用不會有太大出入。

Q：面臨 3 米路，不知可否施工？

A：可以施工，但建築線建照申請及施工便利等問題，還需要個案了解確認才是。

Q：請問如果是想要危老重建，貴司有整合的做法嗎？

A：危老改建服務是我司目前業務的重點項目，整合發展是視個案方式進行，我們在北部及南部已完成類似的公寓案例。

劉建築師的綠好宅（四）

蝸牛住宅與斑馬公寓：臺灣防災健康宅的幸福提案

作　　者	劉志鵬
採訪編輯	徐禎岑
編輯校對	劉志鵬、楊娟娟、徐禎岑
美術設計	吳倚菁
	E-mail：ya8921@gmail.com
發 行 人	劉志鵬
出版發行	雅緻住宅事業股份有限公司
	325 桃園市龍潭區渴望一路 158 巷 38 之 5 號
	電話：（03）4071122
	E-mail：aghouse.tw@gmail.com
	官網：https://www.aghouse.com.tw
經銷代理	白象文化事業有限公司
	412 臺中市大里區科技路 1 號 8 樓之 2（臺中軟體園區）
	出版專線：（04）2496-5995　　傳真：（04）2496-9901
	401 臺中市東區和平街 228 巷 44 號（經銷部）
	購書專線：（04）2220-8589　　傳真：（04）2220-8505
印　　刷	漾格科技股份有限公司
初版一刷	2021 年 10 月
定　　價	400 元

國家圖書館出版品預行編目 (CIP) 資料

蝸牛住宅與斑馬公寓：臺灣防災健康宅的幸福提案 / 劉志鵬 著.
-- 初版 . -- 桃園市：雅緻住宅事業股份有限公司, 2021.10
　　面；　公分 . --（劉建築師的綠好宅；4）
ISBN 978-986-92482-2-8（平裝）
1. 綠建築 2. 建築節能 3. 健康
441.577　　　　　　　　　　　　　　　　110015914